Wenn Pferde lahmen ...

Wenn Pferde lahmen ...

Vorbeugen · Erkennen · Behandeln

von Anke Rüsbüldt

CADMOS
PFERDEBÜCHER

Danksagung:

Mein Dank geht an den Verlag für den Auftrag, die freundliche Unterstützung und die nette Betreuung. Bedanken möchte ich mich außerdem bei Jörg Groote für die Geduld und etwa achthundert Kannen Tee. Vielen Dank auch an Petra Wanders, die große Teile des Textes Korrektur gelesen hat.

Anke Rüsbüldt

Der Verlag macht darauf aufmerksam, dass alle in diesem Buch beschriebenen Behandlungen unter Aufsicht eines Tierarztes oder eines erfahrenen Heilpraktikers durchgeführt werden sollten und lehnt jegliche Haftung für eventuelle Unrichtigkeiten ab.

Gestaltung und Satz: Ravenstein Brain Pool, Verden
Titelfotos: Dr. Helmut Ende, Dr. Jahn
Druck: Westermann Druck, Zwickau

Printed in Germany.

ISBN 3-86127-373-X

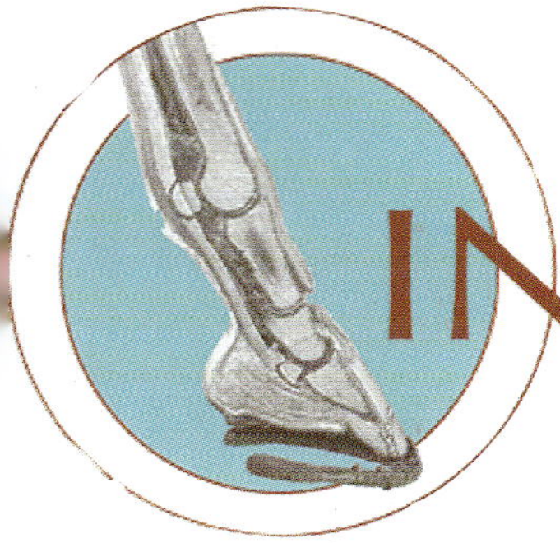

INHALT

Vorwort

Lieber Leser,

nun tue ich es doch. Ich schreibe für Sie ein Buch über die Lahmheiten des Pferdes. Die Gründe, aus denen ich es nicht tun wollte, sind folgende:

Zum einen der große Umfang. Das Thema ist so komplex, dass allein die Übersicht über die verschiedenen Lahmheitsursachen in tiermedizinischen Standardwerken etwa 800 Seiten umfasst. Dazu kommen in der tierärztlichen Ausbildung viele Jahre Studium, Beobachten, Lernen und Weiterbilden. So klingt es nicht nach einem Thema, das sich in diesem begrenzten Rahmen verständlich bearbeiten lässt.

Zum anderen habe ich Angst, das Sie nach der Lektüre möglicherweise ermuntert sind, selbst an Ihrem Pferd herumzudoktern.

Die Gründe, aus denen ich dieses Buch schreibe, sind ähnlich:

Zum einen ist das Thema so komplex, dass es dem nicht studierten Pferdfreund ohne so ein Handbuch niemals gelingen kann, einen Überblick zu bekommen.

Zum anderen weiß ich ja, dass Sie ihr Pferd gern haben. Niemals würden Sie aus eigener Unsicherheit eine Erkrankung verschlechtern oder Ihrem Pferd notwendige medizinische Hilfe vorenthalten.

Sie wollen ja für Ihr Pferd etwas lernen und wissen, sonst würden Sie nicht eben jetzt dieses Vorwort lesen.

Ich möchte Ihnen in diesem Buch die notwendigen Grundlagen an die Hand geben, damit Sie verstehen, wie ein Pferdebein aufgebaut ist und wie es funktioniert. Diese Themen finden Sie geordnet vom Huf an nach oben weitergehend in den Kapiteln „Anatomie“ und „Physiologie und Biomechanik“. Im Kapitel „Lahmheitsuntersuchungen“ beleuchten wir die verschiedenen Symptome, mit denen sich eine Lahmheit zeigt. Anschließend gibt es ein Kapitel, das erläutert, mit welchen Hilfsmitteln Tierärzte zu einer Diagnose gelangen und diese bestätigen können. Dann wird es konkret und nacheinander werden die einzelnen Erkrankungen der Schultergliedmaße und der Beckengliedmaße erläutert. Hier werden auch kurz Therapien und Heilungsaussichten angesprochen.

Wenn Sie nur ein bisschen lesen wollen, beginnen Sie einfach hier und lesen von vorne nach hinten. Haben Sie ein konkretes Problem, so lesen Sie im jeweiligen Kapitel den entsprechenden Abschnitt.

Für diejenigen unter Ihnen, die mich nicht kennen, will ich noch ein paar kurze Erläuterungen zu meinen persönlichen Ansichten vorausschicken: Das Wohl des Pferdes steht immer an erster Stelle. Dies ist vollständig unabhängig davon, wie groß es ist, was es gekostet hat oder was es leistet. Jeder Umgang mit dem Pferd und jede Therapie muss das ganze Pferd und sein Wohlbefinden im Auge behalten.

Leserinnen, Tierärztinnen, Schmiedinnnen und Heilbehandlerinnnen haben dieselbe Kompetenz wie ihre männlichen Kollegen. Dennoch wird im Text unemanzipiert aus Gründen der besseren Lesbarkeit immer nur die männliche Berufsbezeichnung stehen.

Nun aber los, viel Verstehen und Vergnügen auf den folgenden Seiten!

Anke Rüsbüldt im November 2001

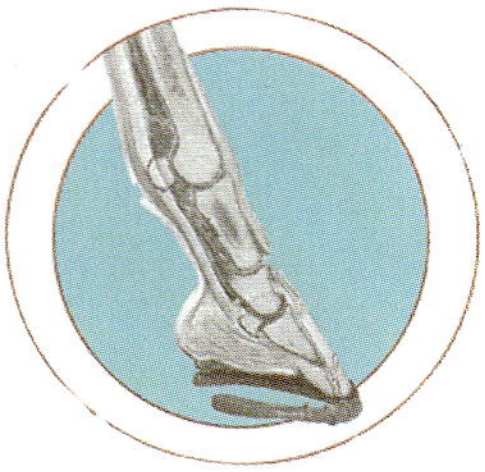

Anatomie – das Wissen über die zugrundeliegenden Strukturen

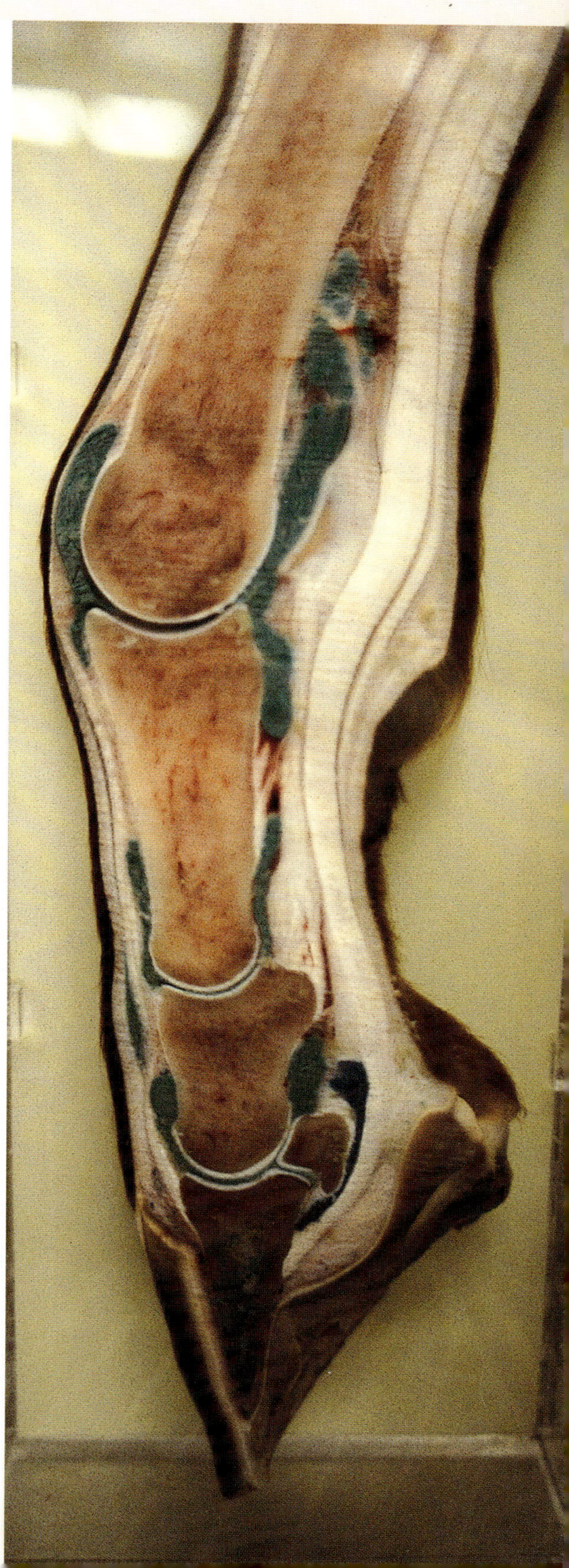

Ob Sie dieses Kapitel überhaupt brauchen? Ja, ganz sicher. Sie sollen sich weder hindurchquälen noch langweilen, aber Sie benötigen für das Verständnis von Lahmheiten immer Kenntnisse in Anatomie.

Tierärzte lernen in ihrer Ausbildung alle Knochen des Pferdes mit allen auf ihnen befindlichen Höckern, Rauheiten, Einschnürungen und Fortsätzen auswendig. Jede dieser Strukturen hat einen zweiteiligen lateinischen Namen. Für die Knochen, nur die Knochen, der Schultergliedmaße sind das 84 Begriffe. Dazu alle Muskeln mit deren Ursprungsstelle, Insertionsstelle (Ansatzstelle) und Innervation (Nervenversorgung). Sämtliche Bänder (natürlich haben die auch zweiteilige lateinische

Am Präparat sieht man eine schöne Übersicht über die anatomischen Strukturen.
Foto: Dr. Ende

Namen), alle Blutgefäße, Lymphgefäße und Nerven. Immer wieder kommt ein Tierarzt bei seiner Arbeit auf diese Grundlagen zurück. Das sollen Sie ja gar nicht. Aber auf Deutsch einen Überblick über die großen Strukturen, das müssen Sie sich bitte aneignen. Sie werden es selber merken, wie oft Sie im Lahmheitenkapitel nach hier vorne zurückblättern. Zum Glück gibt es auch Bilder, die Ihnen helfen können, die beschriebenen Strukturen zu verstehen. Und Pferde, an denen Sie das Beschriebene erfassen und begreifen können.

Huf und Zehe

Der den Boden berührende Bereich des Pferdefußes ist der Huf. Beschlagen, beklebt oder barfuß ist dies eine Struktur, die einen großen Teil der Stoßbrechung vornehmen kann.

Der Huf besteht aus der Hornkapsel und weiteren darin enthaltenen Strukturen.

Die Hornkapsel: Man unterscheidet die Hufwand, die sich in Vorderwand, Seitenwand und Trachtenwand unterteilen lässt. Diese harte Wand besteht außen aus röhrchenförmigem, darunter aus blättchenförmigem Horn, das im Saumbandbereich gebildet und von dort nach unten geschoben wird. Hinten am Huf befinden sich die Ballen. Von unten sieht man die Sohle, die sich unterteilen lässt in Sohlenbereich, Eckstreben, Strahlbereich und Strahlfurchen. Im Sohlenbereich findet sich Röhrchenhorn, das von der Lederhaut (siehe unten) im Sohlenbereich gebildet wird. Den Boden berührt der Huf im Idealfall mit dem Tragrand und dem Strahl. Am gesäuberten und unbeschlagenen Huf erkennt man von unten gut die weiße Linie. Sie zeigt das heruntergeschobene Blättchenhorn der Wand. Dieser Bereich dient den Hufschmieden zum Nageln und ist recht empfindlich gegen das Eindringen von Steinchen oder Infektionen, weil das Horn hier weicher ist.

Sehen und fühlen kann man nach dem Reinigen des Hufes alle Bereiche der Hornkapsel. Achten Sie auf Verletzungen und vermehrte Wärme in einzelnen Bereichen des Hufes. Am Strahl und im Bereich der weißen Linie achten Sie auf eingedrungene Fremdkörper. Besonders in den Strahlfurchen achten Sie auf Fäulnisprozesse.

Innerhalb der Hornkapsel findet sich die Lederhaut. Dieser Bereich ist sehr gut durchblutet. Die Lederhaut hat entsprechend der unterschiedlichen Hornformen eine unterschiedliche Struktur. Im äußeren Saumbandbereich und im Sohlenbereich hat sie Zäpfchen, welche die Hornröhrchen produzieren. An der Wand hat die Lederhaut eine blättchenförmige Struktur. Die Hornblättchen und die Lederhautblättchen bilden zusammen den Hufbeinträger. Dieser ist eine geniale Aufhängevorrichtung für das knöcherne Hufbein. Stellen Sie sich einen Vergleich vor: Pferde laufen auf dem Fingernagel des Mittelfingers.

Die Kräfte, die beim Auffußen eines Pferdes entstehen, sind so groß, dass es niemals auf seinem kleinen Hufbein stehen könnte. So wird das Hufbein über diese ineinanderfassenden Blättchen (ausgebreitet wäre das eine recht große Fläche) in der Hornkapsel aufgehängt. Den Zustand der Lederhaut können Sie zwar nicht sehen, aber ertasten. Prüfen Sie die Wärme der Hornkapsel und tasten Sie den Kronrand auf Anschwellungen oder eingesunkene Bereiche hin ab. Prüfen Sie die Pulsation an der Mittelhandarterie (siehe Seite 12).

Die Lederhaut befindet sich direkt auf dem Hufbein. Das ist ein dreieckiger Knochen mit vielen kleinen Kanälchen für die Blutgefäße, die die Lederhaut versorgen. An den beiden hinteren Ecken hat das Hufbein die Hufbeinäste. Auf denen sitzen die Hufknorpel, die die Ballen unterstützen. Die Hufknorpel können Sie in der Fesselbeuge ertasten.

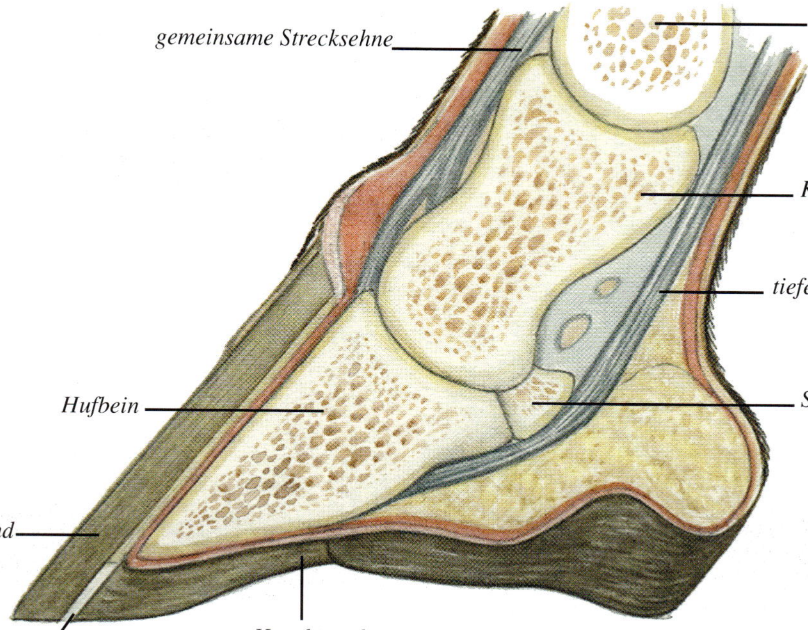

Vorne am Hufbein setzt die gemeinsame Strecksehne, hinten am Hufbein die tiefe Beugesehne an. Beide Sehnen lassen sich weiter oben am Bein gut ertasten.

Weder sichtbar noch fühlbar liegen innerhalb der Hornkapsel die Strukturen der Hufrolle. Dazu gehört das Strahlbein, ein webeschiffchenförmiger Knochen ohne eigene Knochenhaut. Gemeinsam mit dem auf ihm schwimmenden Schleimbeutel bildet er einen Gleitschutz und eine Art Umlenkrolle für die im Hufbein inserierende tiefe Beugesehne. Das Strahlbein hat mehrere straffe Bänder, die es an seinem Platz halten.

Auch unseren Blicken verborgen innerhalb der Hornkapsel liegt das Hufgelenk. Es verbindet das Hufbein mit dem Kronbein. Behalten Sie es im Hinterkopf: Hinten dran liegt das Strahlbein.

Am Kronbein befindet sich hinten die Kronbeinlehne, hier setzt die oberflächliche Beugesehne an.

Das Kronbein ist ein fast würfelförmiger Knochen, der kurz oberhalb des Saumbandes gemeinsam mit dem Fesselbein das Krongelenk bildet. Wir kommen hier schon in den Bereich des (mit Übung) Ertastbaren.

Das Fesselbein kann man sehr gut fühlen. Dahinter in der Fesselbeuge ist die vierzipflige Fesselplatte. Beiderseits dieser Fesselplatte, einer sehnigen Struktur, finden sich nebeneinander Vene, Arterie und Nerv, die den unteren Gliedmaßenbereich versorgen. Auf der Vorderseite der Gliedmaße ist die Strecksehne gut zu ertasten.

Das Fesselbein ist im Fesselgelenk mit dem Röhrbein verbunden. Hier wird es wieder etwas komplizierter. Die Gelenkfläche des Fesselgelenks hat in der Mitte eine Art

Schiene. Das Fesselbein bildet eine Gelenkfläche mit einer in der Mitte von vorne nach hinten verlaufenden Vertiefung. Entsprechend bildet das Röhrbein eine Gelenkfläche mit einem in der Mitte von vorne nach hinten laufende Kamm. Zum Gelenk gehören zwei Sesambeine, die Gleichbeine. Dies sind kleine pyramidenförmige Knochen ohne eigene Knochenhaut, die unter anderem als Gleitlager für die Beugesehnen dienen. Sie liegen auf der Beugeseite (hinten) am Fesselgelenk. Diese Knochen dienen auch der passiven Stehvorrichtung (siehe Seite 20), indem sie die Ansatzstelle für den Fesselträger sind. Solche Gleichbeine haben darüber hinaus diverse schräge und gerade Bänder, die sie miteinander verbinden und an ihrer Umgebung verankern. Die Gleichbeine können Sie gut ertasten. Oberhalb des Fesselgelenks können Sie zwischen Röhrbein, Griffelbein und Gleichbein eine eventuelle vermehrte Fülle im Fesselgelenk ertasten. Hier befindet sich eine Gelenkaussackung, die bei gefülltem Gelenk hervortritt. Vorsicht, unmittelbar dahinter befindet sich die Beugesehnenscheide, die vermehrt gefüllt auch hervortreten kann. Auf der Rückseite am Fesselkopf können Sie die weiter unten bereits gesehenen Strukturen von Vene, Arterie und Nerv wiedertreffen. Hier kann man mit etwas Übung den Puls ertasten. Befindet sich irgendein krank machender Prozess unterhalb dieser Stelle (Huflederhautprellung, Rehe, Hufgelenksentzündung, Hufbeinastfraktur ...), ist der Puls hier deutlich verstärkt.

Auf der Rückseite des Fesselgelenks machen die Sehnen etwas Komisches: Sie tauschen den Platz. Sie haben weiter oben – ohne zu stutzen – darüber hinweggelesen, dass die tiefe Beugesehne am Hufbein, die oberflächliche am Kronbein inseriert. Das heißt, in diesem Bereich lief die oberflächliche Beugesehne tiefer als die tiefe Beugesehne. Damit das auch alles so passt, bildet die oberflächliche Beugesehne hinter dem Fesselgelenk einen Tunnel, durch den die tiefe Beugesehne hindurchzieht. So kann die oberflächliche Beugesehne am Kronbein ansetzen. Falls Sie jetzt schon ein wenig verwirrt sind versuchen Sie sich noch mal kurz von außen das Bein vorzustellen: Hier am Fesselgelenk macht es einen Knick. Damit all die Sehnen trotzdem dicht am Gelenk bleiben, benötigen wir noch eine recht wichtige Struktur: das Fesselringband. Es umgibt sehr fest wie eine Manschette das Fesselgelenk und die Sehnen. Der Faserverlauf dieses Fesselringbandes ist (wie ein Ring) senkrecht zum Faserverlauf der Beugesehnen und der Strecksehne.

Der Bereich des Röhrbeins hat ausschließlich Strukturen, die gut ertastbar, zum Teil sogar sichtbar sind. Das macht das Begreifen im wahrsten Sinne des Wortes leichter.

Denken Sie noch mal an den Vergleich für die Vorderbeine: Das Pferd fußt auf dem Nagel des Mittelfingers. Das Hufbein entspricht dem ersten Glied des Fingers, das Kronbein dem zweiten, das Fesselbein dem dritten. Das Röhrbein, der Bereich, der uns im Moment beschäftigt, ist der mittlere (dritte) Knochen des Handrückens. Die Griffelbeine entsprechen dem zweiten und vierten Mittelhandknochen. Die übrigen Knochen hat das Pferd nicht.

Das Röhrbein ist der große, dicke Knochen, der im Fesselgelenk mit dem Fesselbein verbunden ist. Sein Querschnitt ist vorne eher queroval, hinten eher längsoval. Durch Abtasten findet man alte oder neue Überbeine, schmerzhafte Stellen und eventuell vermehrte Wärme. Vorne auf dem Knochen läuft die gemeinsame Strecksehne. Sie ist gut zu ertasten. Hinten unmittelbar am Röhrbein können Sie die Griffelbeine fühlen. Sie beginnen direkt am Vorderfußwurzelgelenk (siehe Seite 13) und verjüngen sich, bis sie etwa fünf Zentimeter oberhalb des Fesselgelenkes mit einer kleinen linsenförmigen Verdickung enden. Bei einigen kleinen Ponys reichen die Griffelbeine sehr dicht an das Fesselgelenk. Solche Griffelbeine können durchbrechen. Nicht immer sind die Pferde dadurch sofort lahm.

Die übrigen Strukturen an der Beugeseite der Gliedmaße sind die sehr wichtigen Sehnen und der Fesselträger. Solange das Bein steht, sind sie straff gespannt und sicht- und fühlbar. Besser durchtasten lassen sie sich, wenn das Bein angehoben wird. Außen unter der Haut fühlt man als Erstes die oberflächliche Beugesehne. Sie ist im Querschnitt geformt wie ein etwa acht Tage zunehmender Mond. Die oberflächliche Beugesehne umfasst durch diese Form ein wenig die im Querschnitt annähernd runde tiefe Beugesehne. Beide verbindet die gemeinsame Beugesehnenscheide.

Die tiefe Beugesehne entlässt im oberen Drittel des Röhrbeins ein Unterstützungsband. Beide Sehnen tasten Sie an der angehobenen Gliedmaße von oben nach unten ab. Sie erfühlen dabei Schwellungen oder vermehrte Wärme. Achten Sie auch auf die Verschieblichkeit der Beugesehnen gegeneinander und in der Sehnenscheide. Merken Sie, wie Ihre Hände besser werden, feiner hinfühlen und beinahe anfangen mitzudenken?

Zwischen diesen Beugesehnen und dem Röhrbein befindet sich noch der Fesselträger. Der Fesselträger ist ein Teil des Fesseltrageapparates. Er hat eine überwiegend sehnige Struktur, die im hinteren, oberen Bereich des Röhrbeines inseriert. Der Fesselträger zieht unterhalb der Beugesehnen und zwischen den Griffelbeinen auf der Rückseite des Röhrbeinknochens hinunter. Oberhalb des Fesselgelenks teilt er sich in zwei etwa bleistiftstarke Äste, die an die beiden Gleichbeine ziehen und dort verankert sind. Am aufgehobenen Bein kann man diesen unteren Teil aus den beiden Schenkeln gut ertasten. Achten Sie auf Schwellungen (zum Beispiel kann ein Schenkel dicker sein als der andere), vermehrte Wärme und Schmerzhaftigkeit.

Im oberen Bereich des Röhrbeins kann man an den Vorderbeinen von außen und an den Hinterbeinen von innen die Pulsation fühlen. Am gesunden Bein ist das recht schwierig. Befindet sich jedoch ein krankhafter Prozeß unterhalb dieser Stelle, ist der Puls hier deutlich verstärkt und gut fühlbar.

Wenn Sie mir weiter nach oben folgen wollen, so müssen wir jetzt Vorderbeine und Hinterbeine getrennt betrachten. Bis hierher ist vorne und hinten alles sehr ähnlich gebaut gewesen, aber jetzt kommen die Unterschiede.

Das Vorderbein

Das Vorderfußwurzelgelenk oder Karpalgelenk verbindet das Röhrbein (den Mittelhandknochen) mit dem Radius (der Speiche, einem Unterarmknochen). Das ist aber nicht so einfach, wie es klingt. Dieses Gelenk hat drei Etagen. In der untersten Etage kommen von unten das Röhrbein und die beiden Griffelbeine. Sie bilden einen Gelenkspalt mit der unteren Reihe der Karpalgelenksknochen. Zu dieser unteren Reihe gehören im Prinzip vier kleine Knochen. Manchmal sind der (von innen) erste und zweite miteinander verwachsen, sodass diese Reihe nur aus drei Knochen zu bestehen scheint. Diese untere Reihe bildet einen weiteren Gelenkspalt mit der oberen Reihe, die aus drei eingereihten Knochen und dem Erbsbein (lat. *Os carpi accessorium*) besteht. Diese obere Reihe bildet einen Gelenkspalt mit dem Radius. Natürlich sind die kleinen Knochen auch miteinander gelenkig verbunden und mit Bändern aneinander befestigt. Die drei Gelenkspalte können Sie gut fühlen, wenn Sie die eine Hand vorne auf das Vorderfußwurzelgelenk legen und das Bein dann beugen. Das hinten außen gelegene Erbsbein können Sie natürlich auch gut fühlen. Müssen Sie auch, denn wenn Sie hier mal Verbände anlegen, müssen Sie gut polstern. Hinten umspannt natürlich auch wieder ein Halteband den Gelenkbereich. Diese Darstellung ist stark vereinfacht, aber für das Verständnis vorerst ausreichend.

Wichtig ist zudem der sogenannte Karpaltunnel. Er befindet sich auf der Gelenkrückseite zwischen Gelenk, Erbsbein und umgebendem Halteband. Er lässt die Beugesehnen, ihre Sehnenscheide, eine wichtige Arterie und

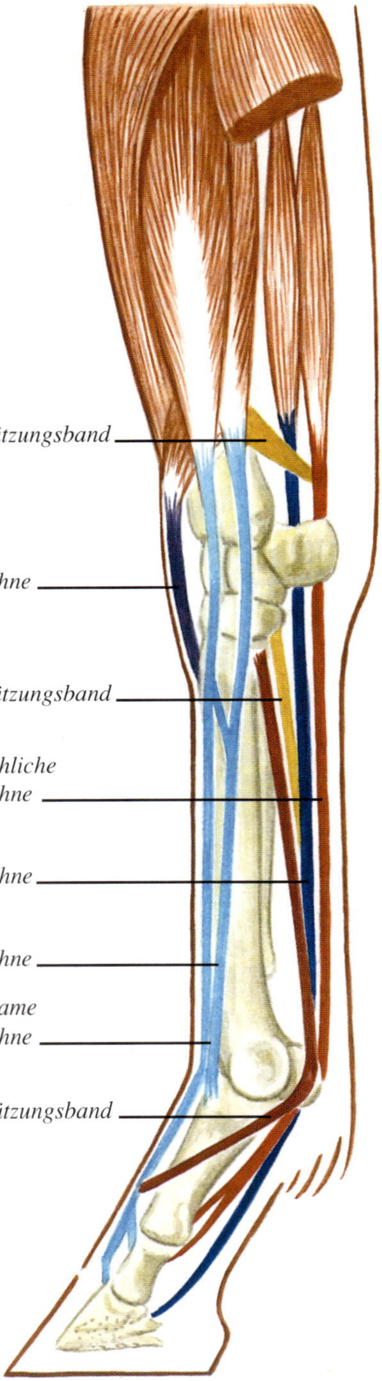

Nerven geschützt nach unten ziehen (siehe auch Karpaltunnelsyndrom, Seite 77).

Oberhalb des Karpalgelenkes wird es wieder einfacher. Der große tastbare Unterarmknochen ist der Radius. Von der Ulna, der Elle, spüren wir nur den Ellenbogen. Diese Strukturen können Sie sehen und fühlen.

Im Ellenbogengelenk treffen sich wie bei uns Unterarm und Oberarm. Besonders interessant am Oberarm ist die Stelle, an der einer der Hauptnerven für das Bein, der Radialis, entlangzieht. Der Radialis ist zuständig für die Versorgung derjenigen Muskeln, die das Bein strecken. Wird er hier oben durch langes Liegen oder eine Schlagverletzung (oder etwas anderes, aber das sind die häufigsten Gründe) geschädigt, so steht das ganze Bein leicht gebeugt.

Hier sind auch endlich die Muskeln, deren Sehnen Sie unten am Bein schon ertastet haben. Im Unterarmbereich befinden sich die Muskelbäuche von Streckern und Beugern der Zehe. Im Bereich des Oberarmes finden sich vor allem die Muskeln, die das Ellenbogengelenk bewegen. Wie bei uns auch gibt es einen Biceps und einen Triceps, seinen Gegenspieler.

Im Schultergelenk oder Buggelenk treffen der Oberarm und das Schulterblatt aufeinander. Das können Sie alles fühlen. Das Schulterblatt hat auf der Außenseite eine Leiste, die Schulterblattgräte, die können Sie auch ertasten. Am oberen Rand des Schulterblattes befindet sich ein breiter Knorpelrand. Auch hier oben gibt es reichlich Muskulatur, starke Muskelbäuche, die Ellenbogengelenk und Schultergelenk bewegen. Auf der für uns nicht sichtbaren Rückseite ist das Schulterblatt durch Muskulatur am Rumpf befestigt. Das ganze Pferd ist sozusagen zwischen den Vorderbeinen aufgehängt. Es gibt hier kein verbindendes Gelenk! Noch etwas gibt es beim Pferd nicht: das Schlüsselbein.

Die Muskulatur in diesem Bereich ist mehrschichtig und zieht an den Rumpf, an die Halswirbelsäule und an das Brustbein. Sie soll nicht im Einzelnen besprochen werden. So, vorne haben wir es.

Das Hinterbein

Wir bewegen uns gedanklich zurück zum Aufbau der Zehe und sind in der Beschreibung bereits vom Boden bis gerade unterhalb des Sprungelenks gekommen.

Das Sprungelenk besteht aus drei Etagen. Das Röhrbein und die beiden Griffelbeine, also der Mittelfuß, bilden Gelenke mit der unteren Etage. In dieser unteren Etage gibt es im Prinzip vier kleine Knochen. Im Prinzip, weil die beiden inneren oft miteinander verwachsen sind, sodass tatsächlich drei Knochen vorhanden sind. Diese untere Reihe bildet nach oben und seitlich Gelenke mit der mittleren Reihe. Die mittlere Reihe ist einfach, sie hat nur einen Knochen. Dieser bildet wieder ein Gelenk mit der oberen Reihe, die aus zwei großen, sichtbaren und fühlbaren Knochen besteht, dem Talus und dem Calcaneus. Der Calcaneus ist der Knochen, zu dem der große Höcker hinten auf dem Sprunggelenk gehört. Es wird ein wenig unübersichtlich, da der seitlichste Knochen der unteren Reihe seitlich mit dem Knochen der mittleren Reihe ein Gelenk bildet und nach oben auch mit dem Talus und dem Calcaneus gelenkig verbunden ist. Am Höcker des Calcaneus kann man die Achillessehne sehen und fühlen.

Dieses ganze Gelenk hat natürlich auch wieder einige Bänder: Acht Stück, die eigene Namen haben und diverse kurze Bänder, die die einzelnen Knochen miteinander verbinden.

Der Talus stellt eine gelenkige Verbindung zum Schienbein her. Die Gelenkfläche ist eine Art Rollkamm, auf der die Gelenkfläche des Schienbeines nach unten gleiten kann.

An der Vorderseite des Schienbeines befindet sich eine Kante. Hier setzt die sogenannte Spatsehne an (lat. *Musculus tibialis cranialis*). Vorne und oben hat das Schienbein einen angerauten Bereich, an dem das mittlere Kniescheibenband ansetzt.

Wie wir hat auch das Pferd ein Wadenbein. Es ist recht dünn und nur im knienahen Bereich als eigenständiger

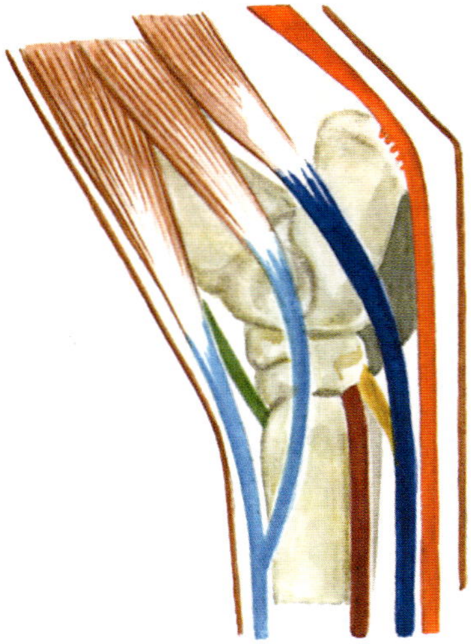

So verlaufen die Sehnen im Bereich des Sprunggelenks.

Knochen ausgebildet. Es ist nur im Röntgenbild wahrnehmbar.

Auf der Vorderseite des Unterschenkels finden wir auch die Bäuche derjenigen Muskeln, die das Sprunggelenk beugen und die Zehe strecken. Behalten Sie das Bein vor Ihrem inneren Auge: Die Beugeseite des Sprunggelenks ist vorne, die des Knies und der Zehengelenke hinten. Überwiegend auf der Rückseite des Unterschenkels finden sich diejenigen Muskeln, die das Sprunggelenk strecken.

Das Kniegelenk besteht eigentlich aus zwei Gelenken. Zwischen dem Kniekehlgelenk und dem Kniescheibengelenk muss anatomisch unterschieden werden. Das Kniekehlgelenk ist die gelenkige Verbindung von Oberschenkel und Unterschenkel. Die Gelenkflächen haben keine glatt zueinanderfassende Form, sodass hier zum Angleichen und Stoßbrechen Menisken vorhanden sind. Das Kniescheibengelenk besteht aus dem Oberschenkelknochen und der darauf in einem Rollkamm entlanggleitenden Kniescheibe. Das kann man alles ertasten.

Die Kniescheibe wird durch die Endsehne eines auf der Vorderseite der Gliedmaße befindlichen Muskels geführt und gehalten. Diese Sehne kann man auch gut fühlen. Zusammen mit dem inneren Kniescheibenband und dem Kniescheibenknorpel bildet diese Sehne eine Schlaufe.

Diese Schlaufe kann sich das Pferd, wenn es steht, über den Rollkamm des Oberschenkels hängen. So kann das Knie ohne Muskelarbeit fixiert werden. Es ist ein bisschen schwierig, hier den Überblick zu behalten: Es gibt fünf Kniescheibenbänder, drei, die zum Unterschenkel, und zwei, die zum Oberschenkel ziehen. Zu dem Kniekehlgelenk gibt es innen und außen seitliche Bänder. Im Kniekehlgelenk gibt es auch noch gekreuzte Bänder und Bänder, die die Menisken festhalten, die können wir aber nicht ertasten.

Am Knie haben zwei Muskeln große Bedeutung: Zum einen der große Muskel auf der Vorderseite, in dessen Endsehne die Kniescheibe liegt. Er ist der stärkste Strecker des Knies. Zum anderen der Kniekehlmuskel, der das Knie beugt.

Der Oberschenkelknochen ist ein großer und kräftiger Knochen, von dem wir durch die Muskulatur hindurch nur einige prägnante Stellen ertasten können. Er bildet zusammen mit dem Becken das Hüftgelenk. Viele der kräftigen Muskeln des Oberschenkels setzen auch am Becken an.

Das Becken verbindet die Hintergliedmaßen mit dem Rest des Pferdes. Ein Becken ist zusammengesetzt aus zwei Hüftknochen (rechts und links symmetrisch). Jeder dieser Hüftknochen besteht aus drei miteinander verwachsenen Knochen, dem Schambein, dem Darmbein und dem Sitzbein. Alle drei treffen sich in der Gelenkfläche für das Kugelgelenk mit dem Oberschenkelkopf. Die Schambeine beider Seiten sind unten in einem Kamm miteinander verwachsen und bilden den Beckenboden. So entsteht ein Gürtel, der oben, zwischen den beiden Darmbeinen, eine Lücke hat. In diese Lücke fügt sich das Kreuzbein ein. Es ist ein Teil der Wirbelsäule und auf beiden Seiten mit dem jeweiligen Darmbein gelenkig verbunden. Das ist das Iliosakralgelenk. In diesen Strukturen, die hier nur knapp und grob schematisch dargestellt sind, passiert die gesamte Übertragung von Kraft und Schwung aus der Hintergliedmaße auf das ganze Pferd. Hier sitzt sozusagen der Motor.

Vom Becken können wir nur die herausragenden Punkte ertasten. Das sind die Hüfthöcker, die Sitzbeinhöcker, die obere Kante des Darmbeines und mit etwas Übung die Hüftgelenke. Becken und Kreuzdarmbeingelenk sind stabilisiert durch eine Vielzahl kurzer und langer Bänder. Zur Bewegung gibt es tiefe und oberflächliche Muskulatur. Der Übersichtlichkeit halber sind diese Muskeln in Gruppen zusammengefasst.

Es gibt die innere Lendenmuskulatur, die an der Beugung der Hüfte, dem Steilerstellen des Beckens und dem Aufwölben der Lendenwirbelsäule beteiligt ist.

Als kleine Beckengesellschaft werden Muskeln bezeichnet, die der Streckung des Hüftgelenkes dienen. Diese Muskeln können auch das Wegstrecken des Beines nach außen bewirken.

Die Kruppenmuskeln beugen und strecken die Hüfte und sind beteiligt am Nach-außen-Führen des Beines. Der mittlere Kruppenmuskel streckt die Hüfte. Zusammen mit einem Rückenmuskel ermöglicht er starkes Untertreten zum Steigen, für eine schöne Levade oder einen schnellen Spin.

Die langen Sitzbeinmuskeln („Hose“) sehen Sie von hinten, wenn Sie den Schweif zur Seite nehmen. Sie sind in erster Linie Strecker von Hüftgelenk und Kniegelenk, zum Teil auch Strecker des Sprunggelenkes. Ein Anteil des Biceps kann auch das Kniegelenk beugen.

Die Heranzieher sind Muskeln innen am Oberschenkel, die neben ihrer namengebenden Aufgabe das Hüftgelenk beugen können und zum Teil beim Strecken des Kniegelenkes helfen.

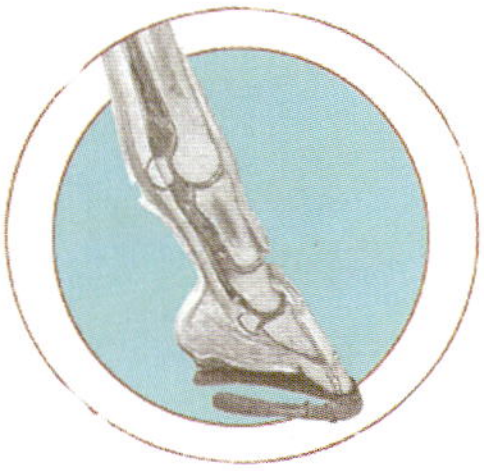

Physiologie und Biomechanik

Dieses Kapitel beschreibt, wie im Idealfall die soeben beschriebenen Strukturen funktionieren und zusammenwirken. In Einzelfällen werden auch schon Hinweise auf krankhaft gestörte Funktionen gegeben.

Huf

Beim Auffußen weichen die Trachten auseinander und die vordere Hufwand senkt sich. Der Strahl berührt dabei den Boden. Über diesen Mechanismus funktioniert die Durchblutung des gesamten Beines. Er heißt Hufmechanismus.

Das Herz ist in der Lage Blut über die Arterien in das Bein zu pumpen, es kann aber nicht das zum Herzen fließende Blut ansaugen. Da alles Blut im Huf durch die feinen Kapillaren der Lederhaut fließt, muss es also auf anderem Wege wieder herausgepumpt werden. Das passiert durch das Zusammenpressen von Lederhaut und Strahlpolster beim Auffußen. Sie kennen das auch: Wenn Pferde lange stehen mussten, haben sie angelaufene Beine. Nach etwas Bewegung gibt sich das. Mir ist wichtig, das Sie an diesen Zusammenhang denken. Nur mit Bewegung gibt es gute Durchblutung. Pferde stehen zu lassen ist, ob sie gesund oder krank sind, immer von Nachteil. Nur sehr wenige Lahmheiten erfordern längerfristiges Stehenlassen der Pferde.

Bei einigen Verletzungen der Hornkapsel und bei Frakturen am Hufbein kann der Hufmechanismus durch einen speziellen Beschlag eingeschränkt werden, um die Bewegung aus der erkrankten Struktur zu nehmen.

Alleine durch einen Beschlag mit Rundeisen, wie er für viele orthopädische Erkrankungen üblich ist, wird der Hufmechanismus kaum beschränkt. Das Absenken der Vorderwand funktioniert ungestört und das Auseinanderweichen der Trachten ist ebenfalls möglich, wenn nicht zu weit hinten genagelt wird.

In Bezug auf Hufmechanismus und Intaktheit der Hornkapsel ist jeder Beschlag ein Kompromiss.

Damit Hufhorn elastisch bleibt, benötigt es einen gewissen Gehalt an Feuchtigkeit. Hufe zu trocken werden oder aufweichen zu lassen ist längerfristig von Nachteil.

Dadurch, dass das Wandhorn im Saumbandbereich gebildet wird, sind Verletzungen des Saumbandes immer bedenklich. Entsteht hier Horn von mangelhafter Qualität, leidet dauerhaft der gesamte Huf. Horn wächst recht langsam, wobei es nach Jahreszeit, Beanspruchung und Rasse Unterschiede gibt. Wie bei unseren Fingernägeln wachsen Defekte heraus. Bis ein Huf einmal ganz heruntergewachsen ist, vergeht etwa ein Jahr.

Hufgelenk

Erstaunlich, wie viel Bewegung in diesem kleinen und untersten Gelenk ist! Obgleich wir das Gelenk selbst nicht ertasten können, können wir seine Beweglichkeit überprüfen. Ein gesundes Hufgelenk kann gebeugt und gestreckt werden, sich leicht nach innen und außen drehen, leicht nach innen und außen knicken und wie eine Schublade ein Stück vor und zurück bewegt werden. Nur wer mal Zeitlupenaufnahmen vom Auffussen oder vom Ausbalancieren (etwa beim Hängerfahren) gesehen hat, kann das gewusst haben.

Hufrolle

Hinten am Hufgelenk befindet sich das Strahlbein. Auf diesem Strahlbein liegt als Polster und Gleitschutz ein Schleimbeutel und darüber hinweg zieht die tiefe Beugesehne. Die Konstruktion funktioniert ähnlich wie eine Umlenkrolle. Beim Auffußen ist die Beugesehne sehr stark belastet und kann mit der durch die Umlenkung reduzierten Kraft im Hufbein inserieren. Diese Strukturen helfen dem Pferd, mit den gewaltigen Kräften beim Auffußen umzugehen.

Schäden an dem Schleimbeutel können ebenso zu einer Hufrollensymptomatik führen wie Schäden der Beugesehne an ihrer Insertionsstelle und wie die röntgenologisch darstellbaren Knochenabbbauprozesse am Strahlbein.

Die Strukturen beeinflussen einander. Logisch vorstellbar ist, dass der Zug auf der tiefen Beugesehne und damit der Druck auf Strahlbein und Schleimbeutel umso größer wird, je flacher der Huf ist.

Das Strahlbein ist ein Sesambein, das bedeutet ein Knochen ohne eigene Knochenhaut. So ein Knochen kann sich nicht selbst regenerieren.

Krongelenk

Es ist schwierig in der Bewegung der unteren Zehenabschnitte zu differenzieren, welche Bewegung aus welchem Gelenk kommt. Das Krongelenk kann neben Beugung und Streckung auch kleine Drehungen vollbringen und geringfügig nach innen und außen abkippen.

Fesselgelenk

Durch den Kamm in Längsrichtung auf der Gelenkfläche können hier fast ausschließlich Beugung und Streckung ausgeführt werden. Die Gleichbeine gleiten bei der Beugung parallel nach oben, beim Strecken wieder nach unten.

Fesseltrageapparat

Im Fesselgelenk ist ein Knick in der Achse der Gliedmaße. Das erfordert besondere Haltevorrichtungen, damit der Fesselkopf nicht in der Belastung auf den Boden gedrückt wird. Unter starker Belastung, wie etwa beim Landen nach einem Sprung, wird die Fesselbeuge in Richtung Boden sehr weit durchgedrückt. Die Kräfte, die hier entstehen, sind mehrere tausend Newton groß. Gegenhalten tut das Pferd mit geschickt gebauten sehnigen Strukturen. Zum einen ist dies die vierzipflige Fesselplatte in der Fesselbeuge, zum anderen der Fesselträger. Der Fesselträger ist in der Entwicklungsgeschichte des Pferdes von einem Muskel mit Endsehnen zunehmend in eine sehnige Struktur umgebaut worden. Bei jungen Pferden sind an der Ursprungsstelle zum Teil noch muskuläre Anteile erhalten.

Diese Strukturen helfen dem Pferd auch, indem sie die Zehe ohne Muskelarbeit halten, wenn das Pferd steht. Sie sind so Teil der passiven Stehvorrichtung.

Fesselringband

Das Fesselringband läuft mit horizontalem Faserverlauf um den Fesselkopf herum und hält so die starken Sehnen dicht am Gelenk. Ist es selber krank, führt es zu einer sanduhrförmigen Einschnürung in diesem Bereich.

Röhrbeinbereich

Auf der Rückseite des Röhrbeines laufen die Sehnen. Oberflächliche und tiefe Beugesehne haben zwischen sich eine gemeinsame Sehnenscheide. Sie sind innerhalb dieser Sehnenscheide von Sehnenscheidenflüssigkeit umgeben und gleiten so ohne Reibung aufeinander. Eine gesunde Sehne hat eine glatte Oberfläche. Sehnen sind sehr stabil, was die Zugbelastung in Faserrichtung angeht. Nicht so stabil sind sie gegen Kräfte, die senkrecht zur Faserrichtung einwirken (Greifen, Gegenschlagen).

Sehnen sind relativ schlecht durchblutetete Strukturen, ihre Heilung dauert lange.

Das Unterstützungsband ist kurz und dünner als die Beugesehnen, es kann sich bei Überdehnung verletzen.

Der Fesselträger zeigt Überlastungen in erster Linie an seinen Ansatzstellen (oben und unten). Unter dem Vorderfußwurzelgelenk strahlt er in den Knochen ein. Wird er überdehnt, entstehen hier oft auch Veränderungen am Knochen. Am unteren Ende setzt der Fesselträger mit beiden Schenkeln an den beiden Gleichbeinen an. Bei Schäden am Fesselträger kann es auch zu Knochenauflösungsprozessen an den Gleichbeinen kommen. Die Spitze der Gleichbeine kann sogar abreißen.

Das Röhrbein hat eine sehr funktionstüchtige Knochenhaut. Bei Beanspruchung bildet sie mehr Knochen. So entstehen zum Beispiel Überbeine durch Gegenschlagen.

Die Griffelbeine liegen hinten am Röhrbein. Zwischen Griffelbeinen und Röhrbein befinden sich Bänder, die diese Strukturen verbinden. Überbeine innen am Röhrbein entstehen auf Grund von Überdehnung dieser kleinen Bänder. Sie werden überdehnt, wenn ein Pferd sich bodenweit hinstellt. Solche Reaktionen passieren, wenn Pferde beim Anreiten überfordert werden. Um unter dem Reiter Stabilität zu behalten, stellen junge, überforderte Pferde sich breitbeinig hin.

Durch Schlagverletzungen können Griffelbeine leicht brechen. Da diese Knochen keine funktionelle Bedeutung haben, müssen Pferde mit einer Griffelbeinfraktur nicht lahm sein. Später, wenn bei der Heilung der Frakturbereich auf umgebende Gewebe drückt (Fesselträger), können solche Pferde allerdings lahm werden.

Die Griffelbeine enden blind. Bei wenigen Pferden und vielen Ponys enden sie erst kurz oberhalb des Fesselgelenks. Diese Pferde gehen lahm, wenn man sie eng bandagiert oder an diesen Stellen drückende Gamaschen anlegt.

Vorderfußwurzelgelenk

Beim Beugen des Vorderfußwurzelgelenkes sind vorne die großen Gelenkspalten deutlich zu fühlen. Hier befinden sich keine Haltebänder, sodass das Gelenk hier weit aufklappen kann. Während der Beugung verlagert sich das Erbsbein ein wenig nach innen. Es schützt so vor zu starker Beugung und sorgt dafür, dass der Huf nicht gegen den Ellenbogen prallen kann. Verengungen und Störungen im Karpaltunnel können zu Lahmheiten und schlechter Versorgung der Zehe führen.

Ellenbogen und Schultergelenk

Diese beiden großen Gelenke bewegen sich zum Strecken und Beugen. Am Ellenbogen können nach Schlagverletzungen Frakturen des Ellenbogenhöckers vorkommen.

Sprunggelenk

Bitte einmal gedanklich zurück zur Anatomie. Beim Beugen und Strecken geschieht die Bewegung überwiegend im Gelenk zwischen Talus und Schienbein. Die darunterliegenden Gelenke sind straff und haben an der großen Bewegung wenig Anteil. Natürlich bewegen sich aber auch die kleinen Knochen gegeneinander. Ist diese Bewegung der kleinen Gelenke eingeschränkt (durch Arthrosen), entstehen Schmerzen. Ist diese Bewegung (durch Verknöcherungen) schließlich ganz aufgehoben, entsteht eine gewisse Steifheit, aber in der Regel kaum noch Schmerz.

In dem großen, beweglichen Gelenk aus Talus und Schienbein können lose Teile vorkommen (siehe unter Osteochondrosis dissecans, Seite 80). Sie müssen die Bewegung nicht beeinträchtigen.

Knie

Gut tastbar ist die Kniescheibe mit ihren Bändern. Ertasten Sie sie in der Bewegung, so können Sie das Entlanggleiten der Kniescheibe auf dem Rollkamm des Oberschenkels ertasten. Wenn das Pferd steht, wird die Kniescheibe durch die beschriebene Bänderschlaufe fest über dem Rollkamm eingehängt. Eine Bewegung des Knies mit eingehängter Kniescheibe ist nicht möglich. Dieses Einhängen entsteht auch krankhaft (siehe unter Patellafixation, Seite 80). Im Kniekehlgelenk ist die Unversehrtheit der Menisken und der Bänder für eine gesunde Bewegung unabdingbar.

Hüfte

Von der Form der Gelenkfläche her sollten in diesem Gelenk alle Bewegungen möglich sein. Praktisch vollführt das Hüftgelenk beim Pferd allerdings nahezu ausschließlich Streckbewegung und Beugebewegung. Eine geringe Auswärtsbewegung, Einwärtsbewegung und ein wenig Drehung sind ebenfalls vorhanden. Die Bewegung beim Laufen des Pferdes geht immer mit einem Heben und Senken der Hüfte einher, die Bewegung entsteht also als Kombination einer Bewegung des Gelenkes und einer Bewegung in dem Gelenk. Da das Becken einen Ring bildet, führt das Anheben der einen Hüfte zum gleichzeitigen Absenken der anderen Hüfte und zu einer dieser Bewegung folgenden Neigung der Wirbelsäule. Beim Reiten können Sie das erfühlen, indem Sie sich tragen lassen und aufmerksam sind für die Bewegungen, die der Pferderücken mit Ihrem Becken macht. Es ist etwa wie rückwärts fahrradfahren. Wenn Sie geübt sind, werden Sie sich das zunutze machen können. In starker Versammlung, wenn das Pferd mehr aufwärts tritt als vorwärts, ist die Bewegung Ihres Beckens ein aufrechtes Oval, bei verlängerten und flacheren Tritten Ihres Pferdes ein liegendes Oval.

Passive Stehvorrichtung

Pferde können bekanntermaßen im Stehen schlafen. Sie können stehen, ohne dafür nennenswerte Muskelarbeit leisten zu müssen. Dies gelingt durch die passive Stehvorrichtung, von der Sie bereits einige Teile kennengelernt haben.

Damit ein Pferd, wenn es sich entspannt, nicht zusammenfällt, muss jedes Gelenk in der „Stehend"-Position fixiert werden können. Hierfür sind an allen Gelenkseiten Haltevorrichtungen nötig. Bei Gelenken, auf denen die Schwerkraft senkrecht auftrifft, wo also kein Knick ist, ist das leichter. Bei Gelenken, die am stehenden Pferd gebeugt sind, bedarf es vor allem auf der der Beugung gegenüberliegenden Seite kräftiger Haltevorrichtungen.

So werden die Fesselgelenke passiv vom Fesseltrageapparat in ihrer Position gehalten. Das Sprunggelenk ist vor allem durch die am Höcker des Calcaneus ansetzende Achillessehne fixiert. Am Knie fixiert die Kniescheibe durch ihre Aufhängung.

Auffußen und Abrollen

Wie ein Pferd auffußt, der Bogen, in dem der Fuß vorgeführt wird, und das Abrollen, das alles ist von der Hufform abhängig. Ein flacher Huf mit langer Zehe rollt schlechter ab und bewegt sich in flacherem Bogen vorwärts als ein hoher Huf mit kurzer Zehe. Der Hufschmied kann durch Kürzen der Trachten oder durch Anlegen einer deutlichen Zehenrichtung die Gangmechanik beeinflussen.

Achten Sie darauf, ob das Pferd mit dem ganzen Fuß auftritt und wie es abrollt. Bedenken Sie immer auch die Auswirkungen nach oben. Achten Sie auf die Belastung der Beugesehnen.

Bei Hufkorrekturen achten Sie auf Stellungsveränderungen. Wenige Millimeter abgetragenes Hufhorn können einige Millimeter Stellungsveränderung im Fesselgelenk bewirken, etwa so, als ob Sie turnschuhgewöhnt ab sofort nur noch Pumps tragen. Denken Sie bei Veränderungen niemals „das ist nur der Huf". Längerfristige Fehler beim Auffußen haben immer deutliche Auswirkungen in höheren Teilen des Beines.

Ebenso hat die Art der Bewegung Auswirkung auf die Hufform. Schont ein Pferd dauerhaft ein Bein, so wird der Huf an diesem Bein (auch wenn er selber gar nicht betroffen scheint) mit der Zeit höher und enger. Der Huf der Gegenseite, der mehr Belastung übernimmt, wird mit der Zeit flacher und breiter.

Gangmechanik

In allen Gangarten lösen die Hinterbeine den Schub nach vorne aus. Dies verlagert je nach Tempo den Schwerpunkt unterschiedlich weit nach vorne. Je schneller ein Pferd läuft, desto weiter wird der Schwerpunkt nach vorne verlagert. Die Vorderbeine fangen durch entsprechend weites Vorsetzen den Körper ab.

Die meisten der uns bekannten Pferde unterscheiden zwischen den Gangarten Schritt, Trab und Galopp.

Der Schritt:

Das Pferd bewegt sich im Vier-Viertel-Takt vorwärts. Immer sind mindestens zwei Füße zeitgleich am Boden.

Fußfolge:

HR-HL-VR	Dreibeinstütze
HL-VR	Diagonale Zweibeinstütze
HL-VR-VL	Dreibeinstütze
HL-VL	inseitige Zweibeinstütze
HL-HR-VL	Dreibeinstütze
HR-VL	Diagonale Zweibeinstütze
HR-VL-VR	Dreibeinstütze
HR-VR	Einseitige Zweibeinstütze

Und dann wieder dasselbe von vorne. Die Fußungsdauer beträgt mehr als die Hälfte der Bewegungszeit (55 bis 64 Prozent).

In der Bewegung wird beim Vortreten des Vorderbeins der Kopf-Hals-Oberarmmuskel gedehnt. Dadurch nickt das Pferd auf das jeweils auffußende Vorderbein. Diese Bewegung ist notwendig. Wird sie zum Beispiel durch die Reiterhand gehemmt, entstehen Probleme in Schwung und Losgelassenheit.

Diese Nickbewegung sehen wir deutlicher, wenn der Belastung eines Vorderbeins der Vorzug gegeben wird. Pferde nicken dann ausgeprägter aufs gesunde Bein.

Der Trab

Es sind immer nur zwei Füße gleichzeitig am Boden. Der Trab hat jeweils zwischen dem diagonalen Auffußen eine Schwebephase.

Fußfolge:

HL-VR	Schwebephase
HR-VL	Schwebephase

Und dann wieder dasselbe von vorne.
Die Schwebephase macht mehr als die Hälfte der Bewegungszeit aus (53 bis 64 Prozent). Eine Tempoverstärkung geschieht bei gleicher Schrittfrequenz durch Verlängerung des Rahmens des Pferdes. Es tritt dann mit den Hinterhufen über die Spuren der Vorderhufe hinweg (starker Trab). Die Tempoverkürzung entsteht durch höhere Versammlung. Der Rahmen wird kürzer und die Füße treten mehr aufwärts als vorwärts (der Endpunkt dieser Versammlung ist die Piaffe).

Der Galopp

Der Galopp ist eine sprungartige Bewegung. Man unterscheidet Rechtsgalopp und Linksgalopp. Bezeichnet wird nach dem Vorderbein, das den Boden zuletzt verlässt und dann weiter vorgreift als das andere.

Fußfolge im Linksgalopp:

HR-HL-VR	Dreibeinstütze
HL-VR	Diagonale Zweibeinstütze
VL	Einbeinstütze
	Schwebephase
HR	Einbeinstütze

Und dasselbe von vorne. Hören kann man nur drei Hufschläge. Denken Sie an die Bonanzamelodie. Eine Feststellung von Lahmheiten im Galopp ist nicht möglich.

Natürlich gibt es auch noch andere Gangarten bei Pferden. Bitte lesen Sie hierzu in Rassebüchern oder Gangpferdereitlehren.

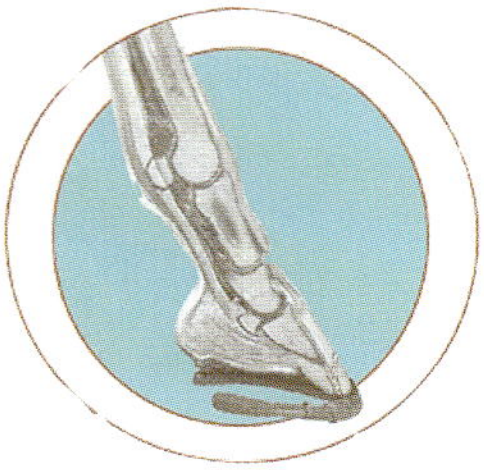

Lahmheits-untersuchungen selbst gemacht

Bei Lahmheiten ist der normale Bewegungsablauf gestört. Zunächst einmal geht es darum zu erkennen, welches Bein lahm ist, wo die Lahmheit sitzt und welche Ursache sie hat.

Achten Sie auf die Art, wie die Lahmheit auftritt. Es gibt Lahmheiten, die während der Bewegung stärker werden, solche die genauso bleiben wie zu Beginn und solche, die sich in der Bewegung bessern (sich einlaufen). Es gibt Lahmheiten, die immer auftreten und solche, die nur sporadisch zu bemerken sind. Lahmheiten können nur im Schritt, in Schritt und Trab oder nur im Trab zu bemerken sein.

Neben der Art, wie die Lahmheit auftritt, ist der Grad, in dem sie auftritt, wichtig. Es gibt geringgradige Lahmheiten, bei denen die Belastung kürzer ist, mittelgradige Lahmheiten, bei denen die Belastung unvollständig ist, und hochgradige Lahmheiten, bei denen das erkrankte Bein praktisch nicht belastet wird.

Je nachdem, welche Funktion des Pferdebeines stärker gestört ist, unterscheidet man zwischen Hangbeinlahmheit und Stützbeinlahmheit. Bei der Hangbeinlahmheit ist die Vorführphase des Beins verkürzt. Das Vorführen des Beins ist eine aktive Bewegung. Die Ursache von Hangbeinlahmheiten sucht man daher in der aktiven Muskulatur und in den oberen Abschnitten des Beines.

Bei der Stützbeinlahmheit ist das Bein kürzer am Boden. Bei der Stützbeinlahmheit wird durch eine Schwerpunktverlagerung das gegenüberliegende Bein eher belastet. Das Pferd fällt verfrüht auf das gesunde Bein. Sie sehen es auf das gesunde Bein nicken. Für das Stützen sind vor allem die passiven Strukturen des Beines wichtig. Bei einer Stützbeinlahmheit findet man die Ursache häufig in den Sehnen, Bändern und Gelenken des unteren Gliedmaßenabschnittes.

Als ob das noch nicht kompliziert genug wäre, gibt es auch noch gemischte Lahmheiten. Sie setzen sich aus Stützbeinlahmheit und Hangbeinlahmheit zusammen. Welcher Anteil überwiegt, lässt sich oft bei der Untersuchung des Pferdes an der Longe herausfinden.

Wichtig ist auch, auf was für Bodenverhältnissen die Lahmheit auftritt. Es gibt Lahmheiten, die auf festem Boden stärker sind, und solche, die in weichem Boden deutlicher zutage treten.

Die Lahmheitsursache ist sehr häufig schmerzhaftes Empfinden. Es kommt auch vor, dass Lahmheiten durch eine mechanische Blockade oder durch die Lähmung eines Nervs entstehen.

Woran erkennen Sie, ob und wo Ihr Pferd lahm geht?

Hochgradige Lahmheiten sind für alle leicht erkennbar. Unternehmen Sie selber nichts. Rufen Sie Ihren Tierarzt. Natürlich können Sie gucken, ob etwa ein Fremd-

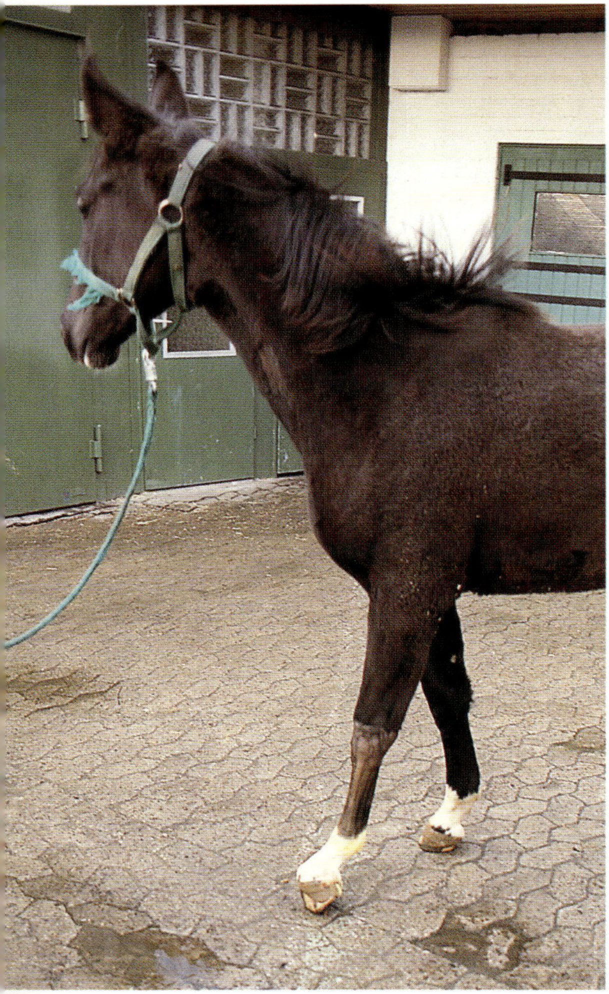

Dieses Pferd entlastet vorne links, das sieht man schon wenn man auf das Pferd zugeht. Foto: Dr. Ende

Denken Sie zurück, seit wann überhaupt das Problem besteht, und fragen Sie sich, was an diesem Tag und kurz davor geschehen ist.

Betrachten Sie das Pferd in Ruhe und achten Sie darauf, wie es steht. Häufig geben Pferde bereits einen Hinweis, indem sie ein Bein entlasten. Vor allem bei den Vorderbeinen ist ein Entlasten oder Vorstellen eines Beines ein deutlicher Hinweis.

Bei den Hinterbeinen ist diese Beobachtung schon schwieriger, weil auch gesunde Pferde die Hinterbeine abwechselnd entlasten. Wird immer nur ein Hinterbein entlastet, kann dies ein Hinweis sein. Gehen Sie mit Abstand um Ihr Pferd herum und nehmen Sie Fehlstellungen und unsymmetrische Muskulatur bewusst wahr.

Achten Sie auf die Asymetrie der Kruppenmuskulatur. Foto: Dr. Ende

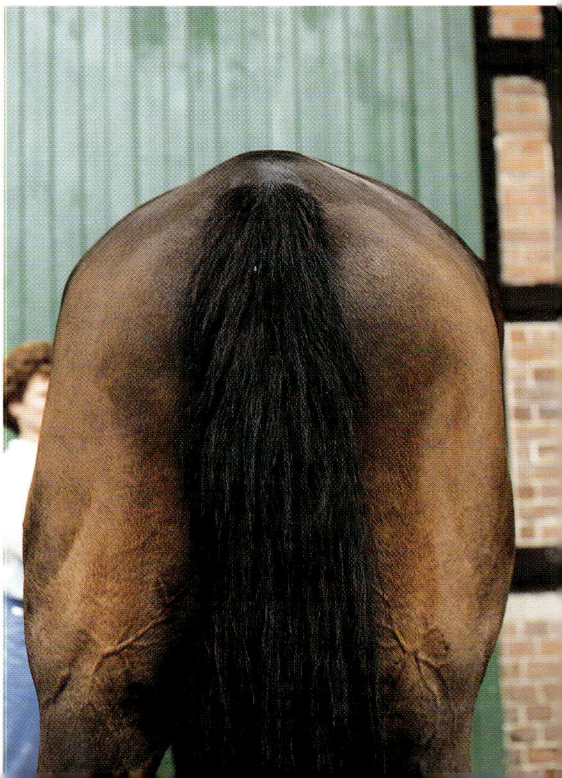

körper am Huf zu ertasten ist. Vermeiden Sie jede überflüssige Bewegung des Pferdes, sie bereiten ihm sonst unnötig Schmerz und können das Problem verschlimmern.

Geringgradige und mittelgradige Lahmheiten sind entschieden schwerer zu erkennen und richtig zuzuordnen. Oft bemerken Sie bei Lahmheiten zuerst nur eine gewisse Unwilligkeit des Pferdes, eine Steifheit oder einen komischen Gang. Mehr wie eine Unwucht als ein richtiges Humpeln. Manchmal fällt auch nur ein häufiges Stolpern auf.

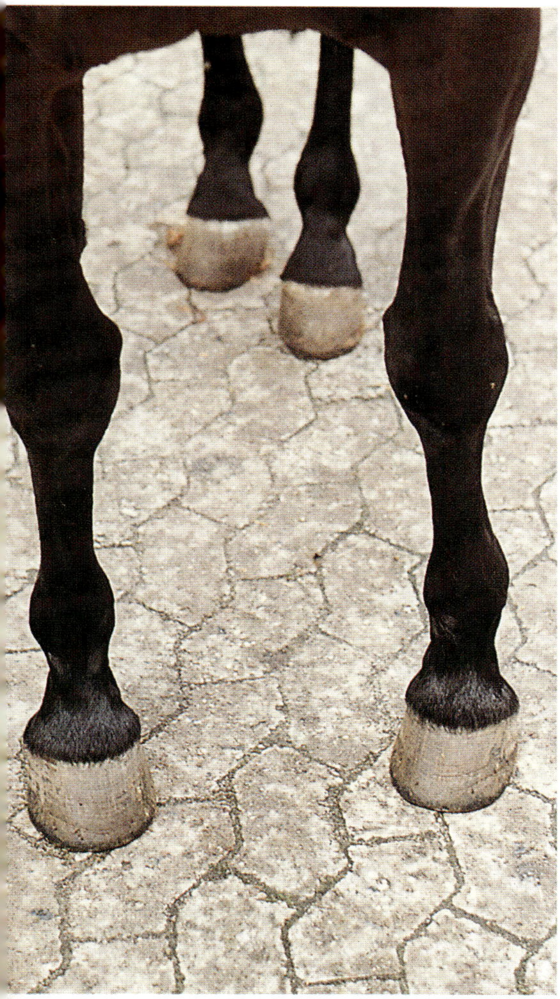

Dieses Pferd steht zeheneng. Foto: Dr. Ende

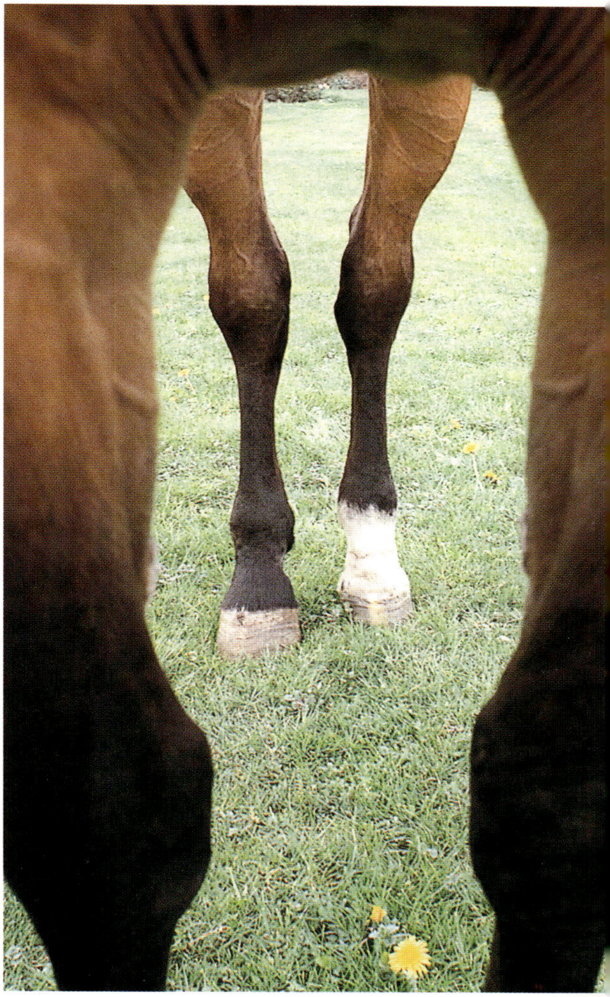

Die Konturen der Sprunggelenke kann man beim Blick durch die Vorderbeine recht gut beurteilen. Foto: Dr. Ende

Natürlich ist kein Pferd fehlerfrei, darum geht es ja auch gar nicht. Wenn Sie ein Bild davon, wie ihr Pferd normalerweise aussieht, als eine Art Schablone im Hinterkopf haben, kann Ihnen auffallen, dass bestimmte Muskelpartien flacher geworden sind, eingefallen erscheinen oder Ähnliches. Ihnen fallen möglicherweise Umfangsvermehrungen (Beulen, dicke Beine) auf, die sonst nicht da sind. Achten Sie an den Hufen auch auf unterschiedlichen Abrieb der Trachten oder kürzer geschliffene Bereiche an den Zehen.

Treten Sie an Ihr Pferd heran, tasten Sie die Beine ab und achten Sie auf vermehrte Wärme und Schwellungen.

Suchen Sie sich jemanden, der bereit ist, Ihnen das Pferd vorzuführen. Lassen Sie es am losen und nicht zu kurz gefassten Strick auf festem, ebenen Boden geradeaus von sich fort führen, wenden und geradeaus auf sich

Dieses Pferd hat leider sehr unterschiedliche Füße. Foto: Dr. Ende

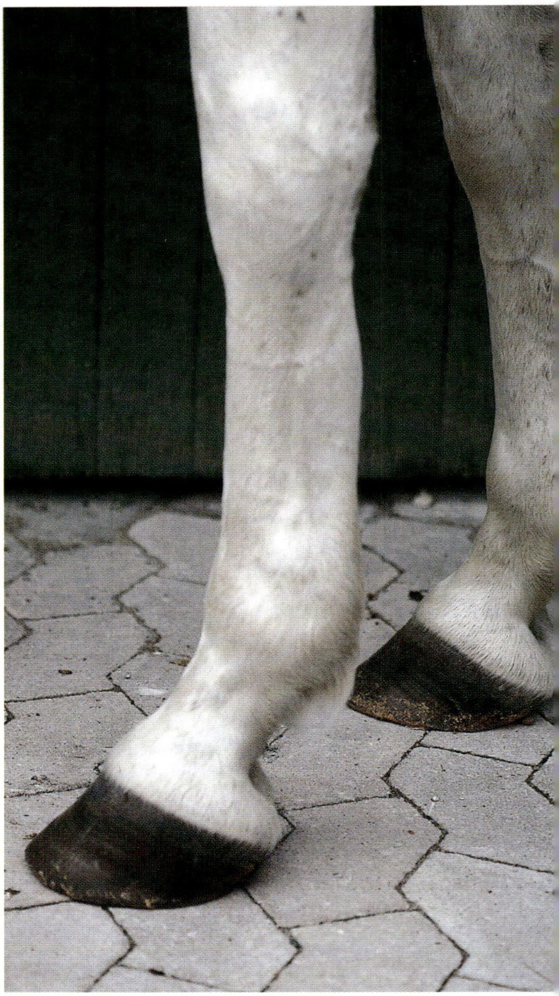

Schon aus der Ferne erkennt man, auch ohne das Bein anzufassen, einen deutlichen Hinweis auf eine Sehnenerkrankung. Achten Sie auf die Hufform. Foto: Dr. Ende

zu zurückführen. Damit die Person, die so nett ist zu führen, die Beobachtung nicht stört, sollte sie neben dem Pferd gehen. Das Pferd soll frei vorwärts gehen können. Dazu benötigen Sie jemanden, der dem Pferd nicht vor die Füße (und Ihnen ins Bild) läuft und der es weder anstarrt noch am Strick zieht.

Achten Sie darauf, ob das Pferd ein Bein stärker belastet. Bei Lahmheiten eines Vorderbeines nickt das auf Sie zu kommende Pferd immer auf das gesunde Bein. Bei Lahmheiten eines Hinterbeines fällt die Kruppe der gesunden Seite stärker herunter. Bei Stützbeinlahmheiten sehen Sie fast immer eine Schmerzreaktion, wenn das Pferd gewendet wird. Betrachten Sie das Pferd im Schritt auch von der Seite: Führt es beide Beine gleich weit und in einem gleichen Bogen nach vorne? Benutzen Sie bei all dem auch Ihre Ohren. Hören Sie gut hin, ob der Huf-

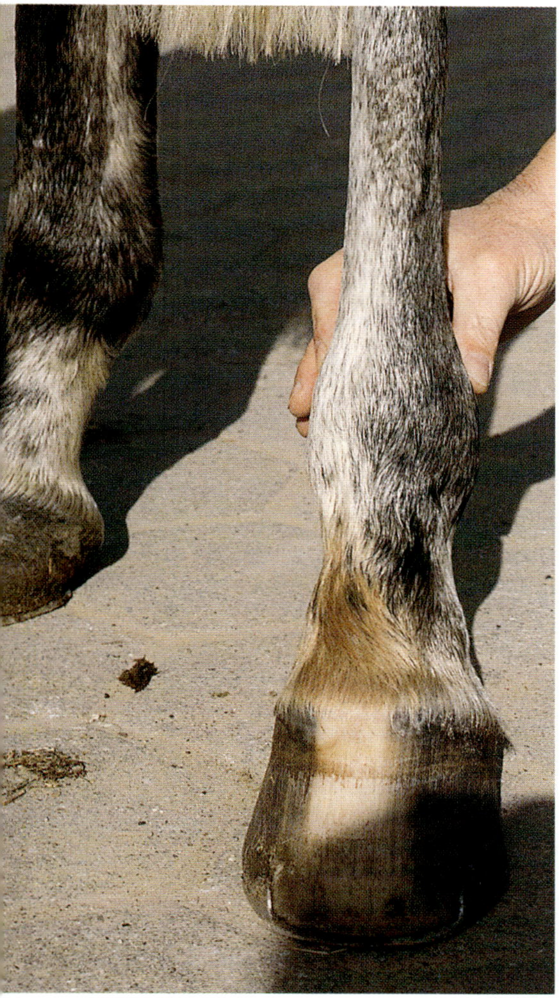

An dieser Stelle lässt sich die Pulsation gut fühlen.
Foto: Dr. Jahn

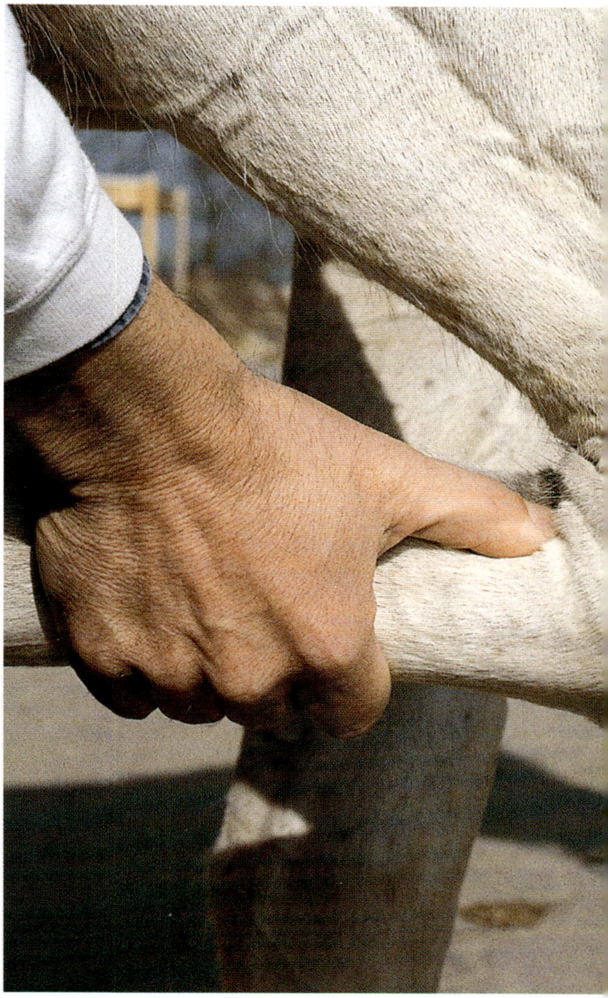

Ertasten Sie die Sehnen einzeln.
Foto: Dr. Jahn

schlag gleichmäßig klingt. Der Hufschlag des erkrankten Beines ist leiser, der der Gegenseite lauter als normal.

Lassen Sie das Pferd traben. Achten Sie auch hier auf dieselben Punkte. Lahmheiten können im Trab durch die Verlagerung des Schwerpunktes diagonal ausgeglichen werden. Von vorne sieht es dann zum Beispiel wie vorne rechts aus, von hinten wie hinten links. Die Unterscheidung ist schwierig.

Longieren Sie Ihr Pferd und beachten Sie, auf welcher Hand und zu welchem Zeitpunkt die Bewegungsstörung am stärksten ist.

Tritt die Bewegungsstörung nur beim Reiten auf, bitten Sie eine kompetente Person Ihnen das Pferd vorzureiten oder Ihnen beim Reiten zuzusehen.

Achten Sie auf Ihr Zubehör und die Art des Sattelns, nicht dass etwas drückt. Testen Sie, ob die Lahmheit am

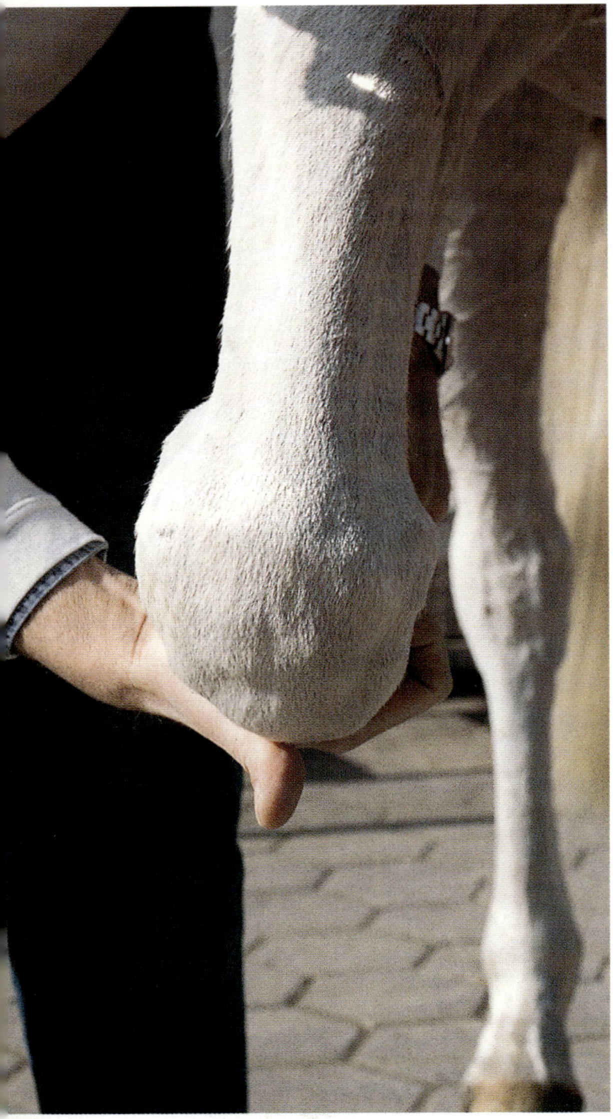

Achten Sie vor allem auf die Öffnungen auf der Vorderseite des Vorderfußwurzelgelenks. Foto: Dr. Jahn

langen Zügel ebenso vorhanden ist wie dann,wenn das Pferd an den Hilfen steht.

Lahmheiten, die beide Beine betreffen, zeigen sich oft nur durch einen kurzen, gebundenen Gang. Sie merken es vor allem im Trab und auf festem Untergrund.

Was tun bei Lahmheit?

Bei hochgradigen Lahmheiten rufen Sie immer Ihren Tierarzt.

Ein neues, gering- bis mittelgradiges Lahmheitsproblem kann, soweit keine Verletzungen am Bein zu ertasten sind, wenige Tage alleine beobachtet werden. In einzelnen Fällen können Sie selber mit etwas Übung Verbände anlegen, die die Heilung unterstützen. Besteht eine Lahmheit über mehrere Tage, sollten Sie tierärztliche Hilfe in Anspruch nehmen. Zu lange abgewartete Probleme werden sehr oft schlimmer. Geringe Lahmheiten können unbehandelt erhebliche Verspannungen und sekundäre Probleme (zum Beispiel Rückenprobleme) hervorrufen. Zudem missbrauchen Sie, wenn Sie längerfristig tierärztliche Hilfe vorenthalten, das Vertrauen Ihres Pferdes und das rächt sich immer. Häufig ist auch die Diagnose schwieriger zu stellen, wenn zu dem ursprünglichen Problem schon geübte Schonhaltung und Verspannungen dazu gekommen sind. Fast immer dauert die Behandlung länger, wenn sie später begonnen wird. Wenn ein Lahmheitsproblem allein durch weitere Schonung heilt, wird Ihnen Ihr Tierarzt das mitteilen. Sie sind dann nach seiner Untersuchung nicht wesentlich ärmer und sicher, das Sie nichts Notwendiges versäumen und die Heilung optimal unterstützen.

Denken Sie immer auch an Tierschutz und Verantwortung gegenüber dem Ihnen anvertrauten Pferd.

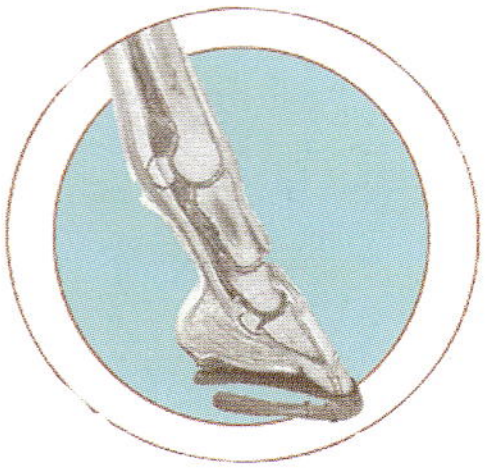

Lahmheits-untersuchung durch den Tierarzt

Alles, was er tut, geschieht um zu einer möglichst eindeutigen Diagnose zu kommen. Er lässt Sie nicht öfter laufen um Ihre Diät zu unterstützen, und er schickt auch nicht nach dem Sattel, weil er Ihr reiterliches Vermögen beurteilen will. Unterstützen Sie Ihren Tierarzt unbedingt. Das gilt auch schon für den Vorbericht. Es ist alles wichtig, was im Zusammenhang mit der Bewegungsstörung von Ihnen bereits beobachtet und unternommen worden ist. Das steht hier so aggressiv, weil immer wieder Gespräche vorkommen wie: „Warum haben Sie das nicht gleich gesagt?" „Ach, ich dachte das ist nicht wichtig." Oder: „Was fehlt uns denn?" „Das sollen Sie doch rausfinden, Sie sind der Tierarzt", Oder: „Ist das Pferd vorbehandelt?" „Äh, nö".

Im Prinzip macht Ihr Tierarzt erst einmal dasselbe, was Sie auch schon gemacht haben. Zuerst erhebt er einen möglichst vollständigen Vorbericht, schließlich war er nicht dabei und kann sich so, im Gegensatz zu Ihnen, nicht erinnern, was der Lahmheit vorausgegangen ist.

Dann betrachtet er das Pferd im Stehen. Anschließend betrachtet er die Beine einzeln genauer und tastet sie ab. Abgetastet wird in der Regel am stehenden und am aufgehobenen Bein, damit alle tastbaren Strukturen beurteilt werden können.

Anschließend lässt Ihr Tierarzt sich das Pferd vorführen. Im Schritt und – mit Ausnahme der hier schon deutlichen Lahmheiten – auch im Trab. Eventuell müssen Sie mit Ihrem Pferd rückwärts gehen und eng rechts- und linksherum wenden. Vielleicht möchte Ihr Tierarzt das Pferd auch an der Longe oder geritten sehen. Wenn die Möglichkeit eines Zusammenhangs mit der Arbeit besteht, möchte Ihr Tierarzt auch den Sattel sehen oder einmal zusehen, wie Sie satteln.

Hier wird der Bereich des Saumbandes abgetastet. Der Kollege achtet auf Einsinkungen, Umfangsvermehrungen und Wärme. Foto: Dr. Jahn

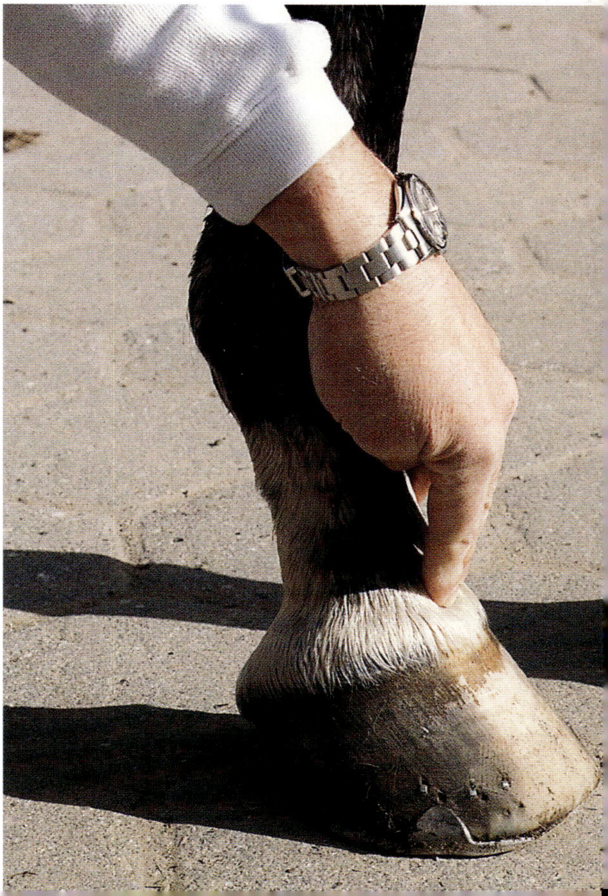

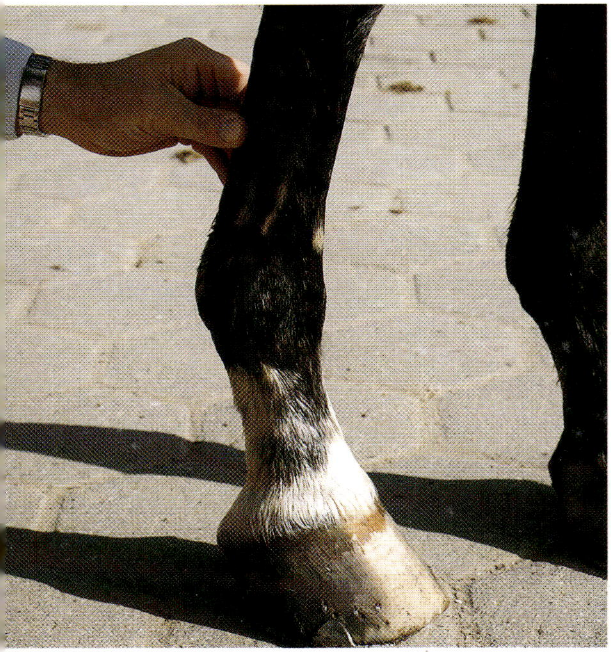

Sorgfältiges Abtasten der Sehnen.
Foto: Dr. Jahn

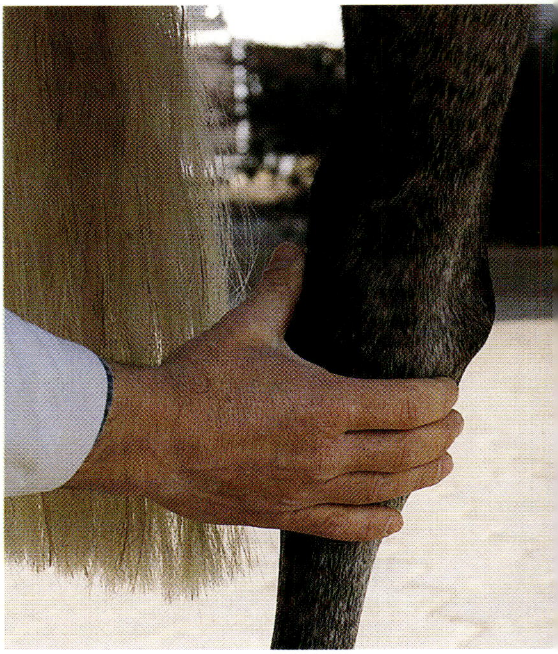

Hier wird das Sprunggelenk abgetastet.
Foto: Dr. Jahn

Und schließlich das Knie. Viele Pferde sind hier ein wenig kitzelig. Achten Sie immer auf Ihre Sicherheit.
Foto: Dr. Jahn

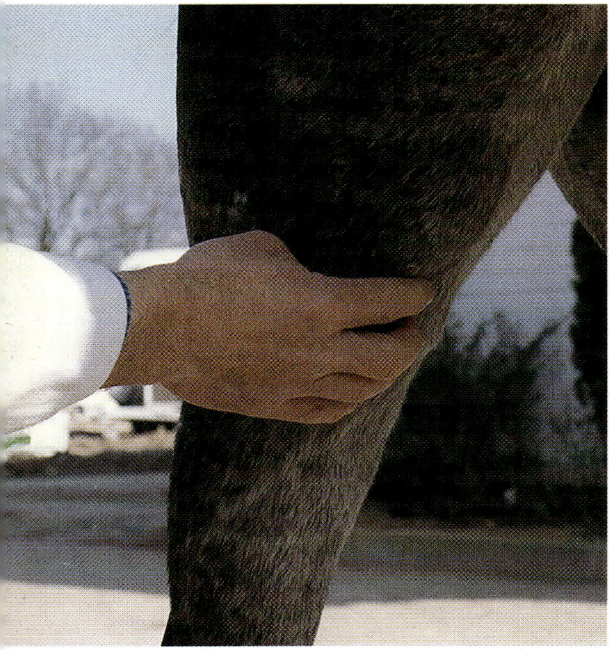

Durch Provokation einer Gewichtsverlagerung können Veränderungen am Knie offensichtlich werden.
Foto: Dr. Jahn

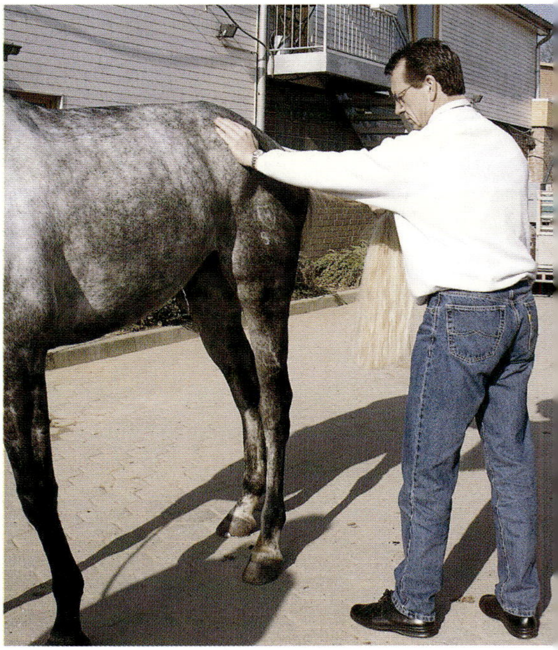

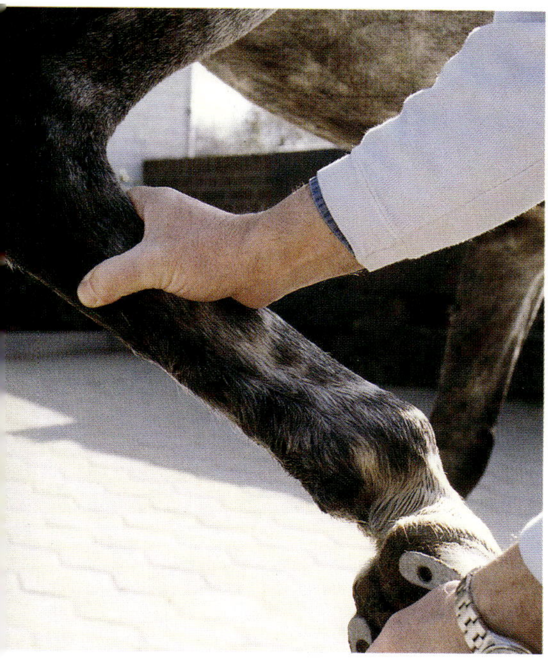

Das Durchtasten der Beugesehnen am aufgehobenen Bein ist sehr wichtig, um die einzelnen Sehnen und ihre Strukturen beurteilen zu können. Am Hinterbein erfordert es Vorsicht und ein wenig Akrobatik. Foto: Dr. Jahn

Sie wollen ja eine eindeutige Diagnose und eine gute Behandlung für Ihr Pferd, also unterstützen Sie seinen Tierarzt. Dazu gehört auch, dass Sie zum Termin pünktlich sind, Ihr Pferd schon von der Weide geholt wurde, eine Longe gefunden werden kann und ein Platz – am besten mit festem Boden, trocken und ruhig – zur Untersuchung vorhanden ist. Wenn Sie nur schlammigen Untergrund haben, sagen Sie das schon am Telefon, wir haben alle Gummistiefel. Hat Ihr Offenstall kein oder wenig Licht, verabreden Sie einen Termin zu einem Zeitpunkt, wo mit Tageslicht gerechnet werden kann.

Nach der Untersuchung in der Bewegung kann Ihr Tierarzt noch einige weitere Untersuchungen machen. Hierzu gehören unter anderem Provokationsproben, ein Blutbild, diagnostische Operationen, diagnostische Injektionen (Anästhesien) und bildgebende Verfahren.

Provokationsproben

Es werden mehrere Proben durchgeführt, die einzelne Teile des Pferdebeines besonders belasten. Es wird auf Schmerzhaftigkeit während der Probe geachtet. Beurteilt werden bei der Brettprobe und den Beugeproben, wie das Pferd unmittelbar nach der Probe trabt. Ist es nach der Probe stärker lahm als vorher, gilt die Probe als positiv. Achtung: eine positive Beugeprobe ist nicht gut. Gut ist es, wenn alle Provokationsproben negativ sind, das Pferd also keine auffällig verstärkten Bewegungsstörungen zeigt. Der Grad der Reaktion kann auch angegeben werden. Das liest sich dann so: Provokationsproben vorne rechts positiv ++.

Dieses Pferd wird korrekt auf hartem Boden vorgetrabt. Foto: Dr. Jahn

Das Mustern an der Longe kann notwendig sein, um dem Sitz der Lahmheit auf die Spur zu kommen. Foto: Dr. Jahn

Zangenprobe

Vermutet Ihr Tierarzt einen schmerzhaften Prozess im Huf, so wird er ihn mit der Zange abdrücken. Alle Bereiche am Huf können einzeln abgedrückt und untersucht werden. Druck quer über den Strahl hinweg kann auch bei Strahlfäule zu Abwehrreaktionen führen. Während des Abdrückens wird auf Schmerzreaktionen und Abwehrverhalten geachtet. Bei einigen Pferden wird zum Vergleich die gesunde Seite untersucht, um festzustellen, wieviel Reaktion das Pferd normalerweise zeigt. Bei der Hufrehe sind nahezu immer mehrere Hufe betroffen, es kann dann zu einer deutlichen Schmerzreaktion bei Zangendruck über der Hufbeinspitze kommen.

Torsionsprobe

Das Pferdebein wird aufgehoben und das Fesselbein wird fixiert (mit beiden Händen gehalten). Der Tierarzt erfasst den Huf, dehnt ein wenig und dreht nach rechts und links. Er untersucht so die kleinen Bewegungen des Krongelenkes und des Hufgelenkes. Er achtet dabei auf Schmerzäußerungen und sogenannte Krepitationsgeräusche. Krepitationsgeräusche sind eine Art leises Knirschen. Sie treten auf nach alten Blutergüssen in Gelenken und Sehnenscheiden und bei Frakturen.

Brettprobe oder Keilprobe

Diese Probe wird eigentlich nur an den Vorderbeinen angewandt. Durch Anheben der Hufzehe werden die Zehengelenke überstreckt. Die tiefe Beugesehne wird stark angespannt und der Druck auf die Strukturen der Hufrolle verstärkt. Entweder wird das Pferd auf das Ende eines Brettes gestellt, dessen anderes Ende dann angehoben werden kann, oder der Tierarzt benutzt einen Keil. In beiden Fällen wird das andere Vorderbein aufgehoben, um die Belastung des zu testenden Beines sicherzustellen. Pferde, denen diese Untersuchung Schmerzen bereitet, verlagern ihr Gewicht deutlich auf die Hinterhand oder springen ab. Pferde, die sich die Untersuchung gefallen lassen, werden nach zwei Minuten aus der Probe entlassen und sofort angetrabt. An den Trabschritten auf den ersten fünf bis zehn Metern kann der Tierarzt ablesen, ob hier ein Problem vorliegt. Diese Untersuchung kann nur nach der normalen Untersuchung durch Vortraben gemacht werden. Die Ergebnisse sollten immer mit denen des anderen Vorderbeins verglichen werden. Wenn diese Probe positiv ausfällt, deutet das meist auf Probleme im Bereich der Hufrolle hin.

Eine ähnliche Probe kann man machen, indem man Brett oder Keil von innen oder außen benutzt und den Huf so während der Probe seitlich kippt. Wenn diese seitlichen Proben positv sind, deutet das auf Probleme

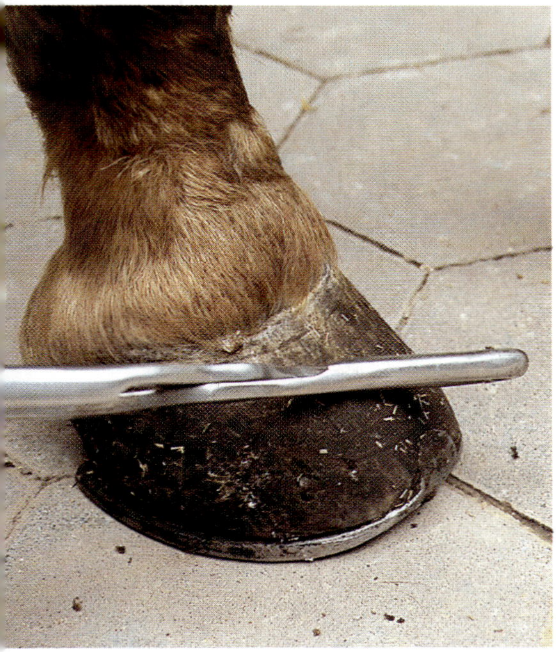

Das Abklopfen des Hufs mit der Zange kann Schmerzreaktionen oder hohlen Schall hervorrufen. Foto: Dr. Jahn

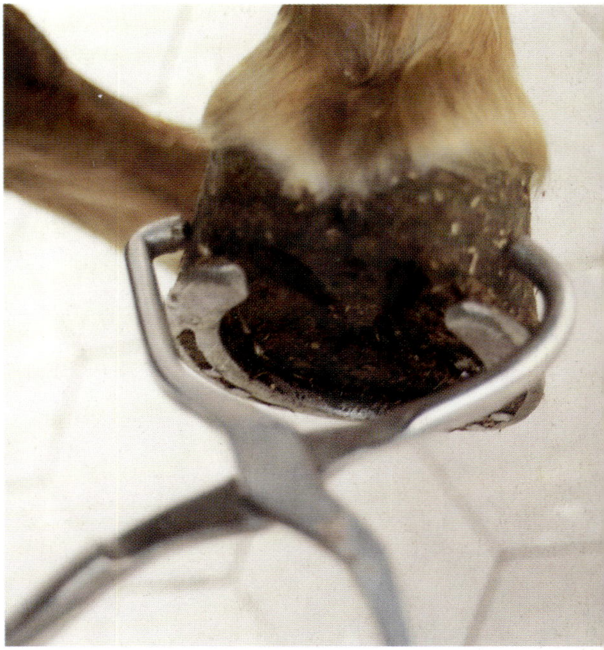

Durch Aneinanderdrücken der Trachten wird bei einigen Erkrankungen eine Schmerzreaktion ausgelöst. Foto: Dr. Jahn

Hier wird die Hufwand mit der Zange abgedrückt. Foto: Dr. Jahn

mit den kleinen Bändern zwischen Hufbein und Kronbein oder den Bändern der Hufknorpel oder des Strahlbeines hin.

Beugeproben

Durch das Beugen werden die Gelenke kurzfristig überlastet. Zu beachten ist, dass bei den meisten Proben mehrere Gelenke gleichzeitig gebeugt werden, die Reaktion also noch nicht eindeutig einem Gelenk zugeordnet werden kann. Ihr Tierarzt achtet auf Schmerzreaktionen während der Probe, die Art des Absetzens nach der Probe, die Art der Fußung nach der Probe und den Lahmheitsgrad beim Antraben unmittelbar nach der Probe. Gebeugt wird in der Regel zwei Minuten. Es wird immer auch das gegenüberliegende Bein untersucht. Viele Tierärzte

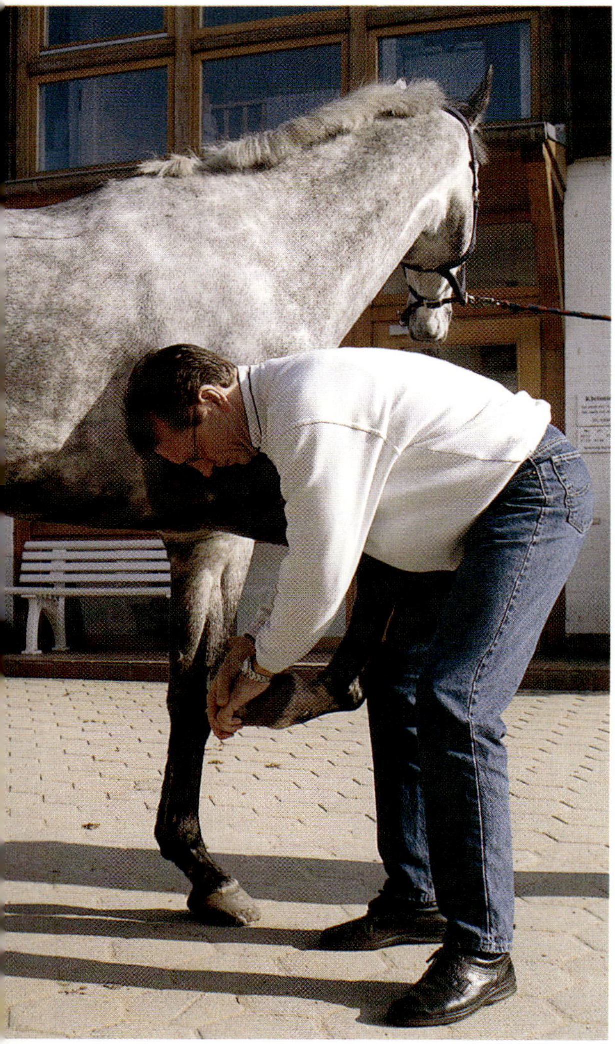

Hier sehen Sie eine Übersichtsbeugeprobe am Vorderbein. Foto: Dr. Jahn

Hinten ist dies – je nach Temperament des Pferdes – manchmal schwieriger. Foto: Dr. Jahn

untersuchen gerne das gesunde Bein zuerst. Dadurch weiß der Tierarzt bei der Beugung der kranken Gliedmaße bereits, welche Reaktion er bei dem Pferd aufgrund chronischer Krankheitszustände (zum Beispiel Arthrosen) erwarten kann. Zur Beurteilung der aktuellen Lahmheit ist der Grad der Steigerung der Lahmheit durch die Probe abzüglich der „normalen" Reaktion des Pferdes auf so eine Probe wichtig.

Einige ältere Pferde reagieren immer positiv auf Beugeproben, auch wenn sie im Alltag ganz gesund sind.

Bei der Zehengelenksbeugeprobe werden am aufgehobenen Bein das Hufgelenk, das Krongelenk und das Fesselgelenk gleichzeitig stark gebeugt. Dabei ist natürlich auch eine Beugung in den oberen Gelenken unvermeidlich. Um Lahmheiten im oberen Abschnitt der Gliedmaße einzeln festzustellen, gibt es spezielle Beugeproben:

Karpalgelenksbeugeprobe: Hier wird das Vorderfußwurzelgelenk (Karpalgelenk) gebeugt. Die Zehengelenke hängen gestreckt herab. Ellenbogen und Schulter sind natürlich mit gebeugt.

Ellenbogenbelastungsprobe: Die Durchführung einer Ellenbogenbelastungsprobe ist schwierig und die Bezeichnung ist irreführend. In Wahrheit handelt es sich um eine Streckprobe. An der aufgehobenen Vordergliedmaße wird der Unterarm nach hinten gezogen. Diese Haltung ist auch für gesunde Pferde unangenehm und kann zu Abwehrreaktionen führen. Bei Problemen im Ellenbogen führt sie immer zu Abwehrreaktionen und die Pferde zeigen bereits eine deutliche Lahmheit nach sehr kurzer Belastungszeit (Streckung für 30 Sekunden).

Schultergelenkbelastungsprobe: Die Schultergelenksbelastungsprobe ist strenggenommen auch eine Streckprobe. Das Bein wird waagerecht nach vorne herausgezogen gehalten. Die Zehenspitze ist dabei gestreckt.

Spatbeugeprobe: Die Bezeichnung ist durch die Häufigkeit der degenerativen Sprunggelenkserkrankungen entstanden. Gebeugt werden gleichzeitig Sprunggelenk, Knie und Hüfte. Durch leichtes Schieben des Beines nach hinten kann diese Beugung noch verstärkt werden. Es ist darauf zu achten, dass die Pferde gerade stehen bleiben. Niemals sollte das Bein so weit hochgezogen werden, dass ein Abkippen der Wirbelsäule sichtbar wird.

Beugeprobe von Knie und Hüfte: Es ist wichtig, dass bei dieser Beugeprobe die unteren Gelenke nicht mit gebeugt werden. Hierzu wird am Schienbein festgehalten und nach oben gebeugt. Auch hier muss wieder darauf geachtet werden, dass die Wirbelsäule nicht verkantet wird.

Verdachtsdiagnose

Nach der normalen klinischen Untersuchung hat der Tierarzt in aller Regel bereits eine Verdachtsdiagnose. Wenn nicht, sollte nach den Provokationsproben eine Verdachtsdiagnose gestellt werden.

Nicht alle Lahmheiten sind in einer Untersuchung eindeutig beurteilbar. Einige Probleme müssen, bevor eine Verdachtsdiagnose gestellt werden kann, noch einmal (nach einem oder mehreren Tagen) angesehen werden. Einige Lahmheiten können wie Krimis sein, bei denen man erst nach diversen verworfenen Vermutungen und längerer Beschäftigung darauf kommt, was wirklich schuld ist.

Erst die Verdachtsdiagnose kann dazu führen, dass weitere Untersuchungen durchgeführt werden. Alle weiteren Untersuchungen können die Verdachtsdiagnose bestätigen oder in Frage stellen. Weitere Untersuchungen können aber niemals ohne klinische Untersuchung durchgeführt werden. Jedes Ergebnis einer weiteren Untersuchung muss vom Tierarzt in Bezug zur klinischen Untersuchung beurteilt werden.

Blutbild

Die Untersuchung des Blutbildes kann diagnostisch von großem Wert sein. Bei entzündlichen Prozessen wie einem Abszess gibt das Blutbild einen deutlichen Hinweis. Alle muskulären Probleme können nur nach Kenntnis der Blutwerte im Hinblick auf Schwere der Erkrankung und veranschlagte Heilungsdauer beurteilt werden. Manchmal sind hierfür Verlaufsuntersuchungen wichtig. Es kann auch angeraten sein, bei vermuteten Muskelproblemen den Unterschied zwischen einer vor der Arbeit und einer nach der Arbeit entnommenen Probe zu untersuchen. In einigen Fällen kann die Anwesenheit von vermehrten Knochenenzymen im Blut dem Untersucher einen diagnostisch wichtigen Hinweis geben. Bei jungen Pferden können Wachstumsprobleme aus Imbalancen im Mineralstoffhaushalt herrühren. Auch diese Imbalancen sieht man im Blutbild.

Dazu kommt es vor, dass Dinge offensichtlich werden, die mit der Lahmheit zu tun haben, obgleich sie nicht im Bein liegen. Leberfunktionsstörungen können zum Beispiel die gesamte Durchblutung und Entgiftung so stören, dass Lahmheitsprozesse nicht heilen können. Nierenprobleme können zu Rückenschmerzen und zu Bewegungsstörungen der Hinterbeine führen.

Spezielle Untersuchungen des Blutes können Erbkrankheiten (für die Quarterfreunde: beispielsweise HYPP) oder Infektionen nachweisen. Zum Beispiel scheint in letzter Zeit vermehrt eine Erkrankung aufgrund von Borrelien aufzutreten. Hier kann man einen Titer im Blut nachweisen und im Fall der akuten Erkrankung auch lebende Borrelien in einer Hautstanzprobe finden. Zum Krankheitsbild gehören wechselnde und wiederkehrende Lahmheiten.

Bitte vergessen Sie nicht, dass es hier um weitere Untersuchungen geht, es muss einen Zusammenhang zu den Ergebnissen der klinischen Untersuchung geben. Allein ein hoher Muskelwert bei einem ansonsten ganz gesunden Pferd rechtfertigt keinen Therapieplan. Einen Borrelientiter haben auch viele Pferde, ohne deshalb akut erkrankt zu sein.

Diagnostische Operationen

Wenn bei der vorausgegangenen Untersuchung Schmerzen im Huf, vermehrte Wärme und vermehrte Pulsation festgestellt wurden, kann das Eisen abgenommen werden und ein Nachschneiden von Tragrand und Sohle erforderlich werden. Ein Eisen wird abgenommen und nicht heruntergerissen. Das erfordert Können, richtiges Werkzeug und Rücksicht auf das daran hängende Pferd. Lassen Sie es niemals jemanden tun, der seine Hilfe anbietet, obgleich er es nicht gelernt hat. Sie verursachen andernfalls Schmerzen und hinterlassen vermeidbare Schäden.

Beim Nachschneiden können Verfärbungen des Tragrandes und der Sohle gefunden werden. Der Tierarzt achtet auch auf Veränderungen der weißen Linie und unterschiedliche Beschaffenheit des Hufhorns der Sohle. Wenn mit der Zange eine schmerzhafte Stelle lokalisiert werden kann, wird hier tiefer nachgeschnitten. Findet der Tierarzt einen Hufabszess und kann diesen eröffnen, kommt es sofort zu einer Druckentlastung und zu einem Rückgang des Schmerzes.

Biopsien und Punktionen

Bei einigen Muskelveränderungen kann es für die Diagnose erforderlich sein, Proben aus der Muskulatur zu untersuchen. Mit einer speziellen Nadel wird ein kleines Stück Muskulatur entnommen und von einem Veterinärpathologen auf Veränderungen untersucht.

Zum Nachweis einiger Infektionen kann eine Hautbiopsie sinnvoll sein. Zum Borreliennachweis wird zum Beispiel ein kleines Stück Haut herausgestanzt und in einem speziellen Transportmedium zur Untersuchung verschickt.

Bei manchen Gelenkveränderungen kann ein wenig Gelenkflüssigkeit punktiert werden und zur Untersuchung in ein Labor geschickt werden.

In speziellen Einzelfällen sind solche Untersuchungen angeraten und von hohem diagnostischen Wert. Sie sind nicht so teuer, wie man meint, und dauern in der Regel nicht einmal zwei Wochen.

Diagnostische Injektionen

Dieser ausschließlich lateinische Begriff umfasst die (nur noch halblateinischen) Vorgehensweisen der Leitungsanästhesie und der Gelenkanästhesie. Anästhesie lässt sich in etwa mit Betäubung übersetzen.

Dieses Vorgehen hilft dabei, in einem Ausschlussverfahren den Sitz der Lahmheit zu finden. Richtig gemacht ist diese Untersuchungstechnik beweisend (Anästhesien lügen nicht).

Der Trick ist, dass der Tierarzt durch die Injektion einer kleinen Menge eines Anästhetikums an eine bestimmte Stelle die Schmerzübermittlung abschalten kann. Dieses Abschalten funktioniert nur für die Schmerzübermittlung aus einem definierten Bereich und für gewisse Zeit. Vermutet man den Sitz der Lahmheit in einem Bereich, so schaltet man die Schmerzübermittlung aus diesem Bereich aus. Ist die Lahmheit beim anschließenden Vortraben verschwunden, liegt die Lahmheitsursache tatsächlich im eben abgeschalteten Bereich. Gelenke lassen sich einzeln abschalten. Leitungen (Nerven) lassen sich nur unterbrechen, sodass alle darunter liegenden Bereiche abgeschaltete sind. Natürlich muss der Tierarzt den Versorgungsbereich jeder abschaltbaren Leitung genau kennen. Nur er kann diese Anästhesien setzen, ihren richtigen Sitz beurteilen und ihre Auswirkung interpretieren.

Bei einer akuten Lahmheit sollte diese Untersuchung nicht sofort gemacht werden. Es kommt während der Untersuchung zu einer Schmerzausschaltung oder zumindest einer Schmerzminderung. Dies führt zum beherzten Absetzen des nun nicht mehr schmerzenden Beines beim Vortraben. Sowas kann, wenn denn alles schief gehen soll, dazu führen, dass aus einem Haarriss im Knochen ein richtiger Bruch wird, oder dass eine Verstauchung hinterher zum Ausheilen viel länger braucht. Der Schmerz, den das Pferd bei der Lahmheit zeigt, hat ja eine Schutzfunktion. „Achtung es tut weh" heißt für das Pferd „schone mal dies Bein". Diese Funktion dürfen wir nur ausschalten, wenn wir ziemlich sicher sind, dadurch nichts kaputt zu machen.

Bei wechselnden Lahmheiten, geringgradigen Lahmheiten und Lahmheiten, die sich schnell einlaufen, ist dieses Verfahren nicht optimal zu nutzen. Beurteilt wird eine Besserung der Lahmheit nach einer Schmerzausschaltung in einem bestimmten Gebiet. Bessert sich die Lahmheit ohnehin durch Herumlaufen, ist es nicht möglich sicher zu sagen, ob die Anästhesie etwas gebracht hat oder nicht.

Leitungsanästhesien

Es wird Lokalanästhetikum in einer bestimmten Menge direkt an die Nerven gespritzt. In der Anatomie sind Sie auf den Verlauf der Nerven an verschiedenen Stellen hingewiesen worden. Wie Sie sich erinnern werden, läuft der Nerv direkt neben einer Vene und einer Arterie. Werden diese Blutgefäße versehentlich verletzt, so kann es bei starken Blutungen zu falsch negativen Ergebnissen kommen. In so einem Fall muss die Untersuchung nach einigen Tagen wiederholt werden. Nach der Injektion muss eine bestimmte Zeit gewartet werden, bis eine Betäubung erwartet werden kann. Durch Testen der verschwundenen Hautsensibilität, die zu diesem Nerv

An dieser tiefen Stelle kann eine Leitungsanästhesie durchgeführt werden. Foto: Dr. Jahn

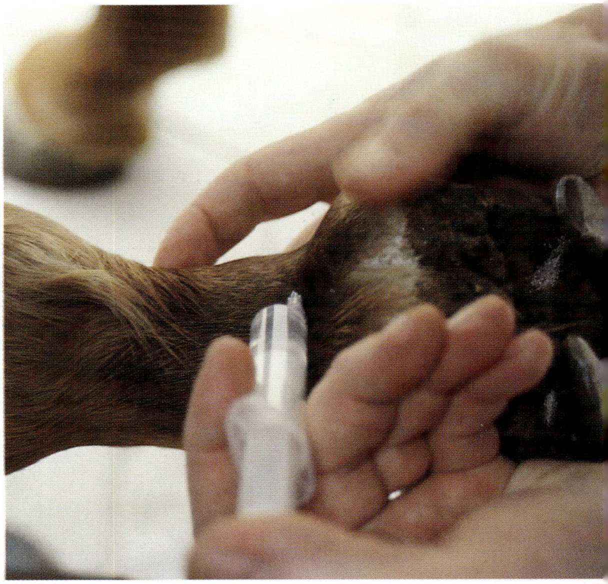

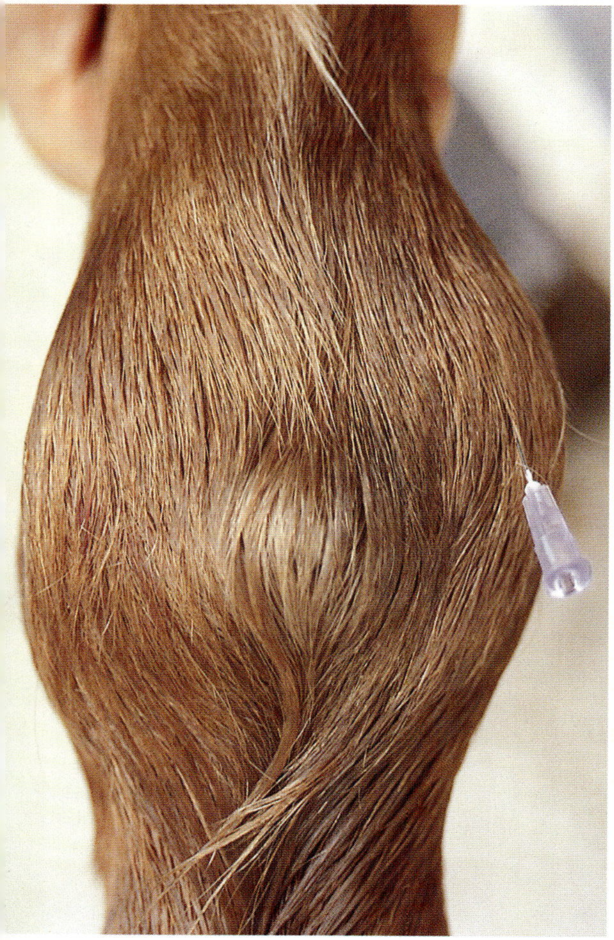

Oberhalb des Fesselkopfes wird ebenfalls eine Leitungsanästhesie vorgenommen.
Foto: Dr. Jahn

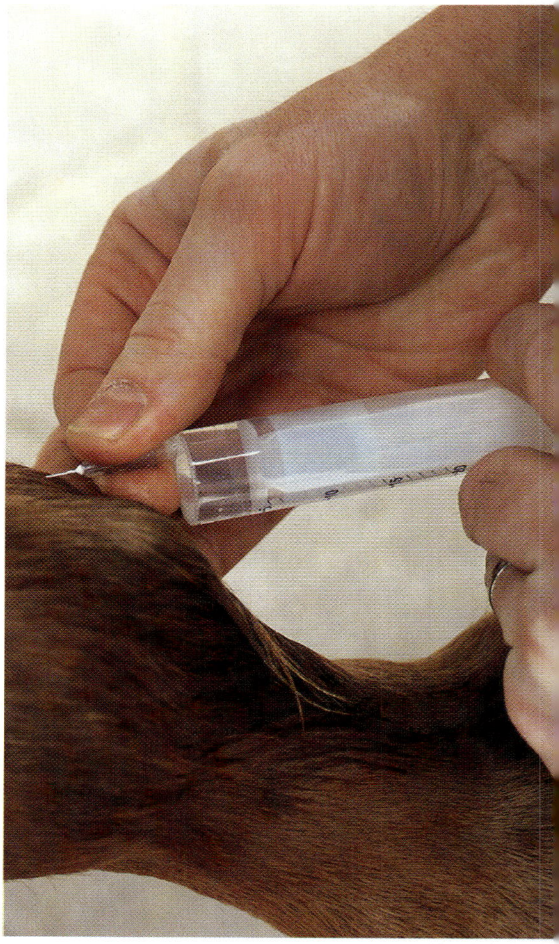

Zu so einer Leitungsanästhesie werden wenige Milliliter Anästhetikum an den Nerv gespritzt.
Foto: Dr. Jahn

gehört, überprüft der Tierarzt den richtigen Sitz der Anästhesie. Danach lässt er sich das Pferd erneut vortraben. Ist die Lahmheit verschwunden, so sagt man, die Anästhesie war positiv, ist die Lahmheit fast verschwunden, sagt man, sie war positiv mit Rest, ist die Lahmheit unverändert vorhanden, so sagt man die Anästhesie war negativ.

Nach der Höhe der Injektionen am Bein werden zwei tiefe (TPA: tiefe Palmarnervenanästhesie), eine mittlere (MPA), eine hohe (HPA) Anästhesie und ein sogenannter Fesselringblock unterschieden. Es werden durch diese Anästhesien von unten nach oben immer umfassendere Bereiche ausgeschieden. Der erhaltene diagnostische Hinweis beschreibt dann das Gebiet, in dem die Lahmheitsursache zu finden ist. Ist ein Pferd zum Beispiel nach der ersten Injektion so lahm wie zuvor, nach der zweiten aber nahezu lahmfrei (TPA negativ, MPA positiv mit Rest) so weiß der Tierarzt sicher, dass die

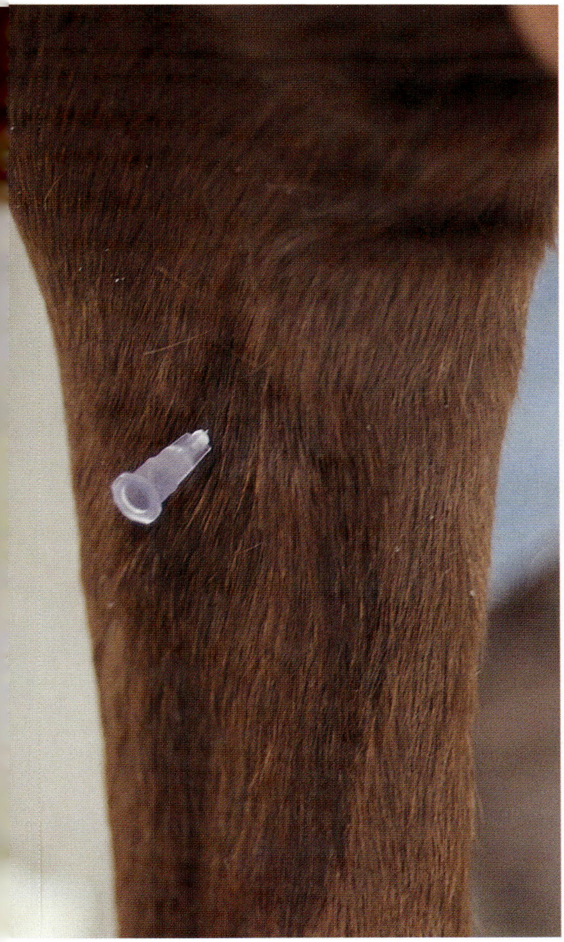

Besteht die Lahmheit nach den tiefen und mittleren Anästhesien weiter, so kann auch hier oben anästhesiert werden.
Foto: Dr. Jahn

Lahmheit nicht von „ganz unten", sondern von einem Abschnitt am oder unmittelbar unter dem Fesselgelenk kommt.

Gelenkanästhesien

Zu einem relativ späten Zeitpunkt der Lahmheitsuntersuchung und bei einem ganz konkreten Verdacht können Gelenkanästhesien gemacht werden. Hier wird Anästhetikum direkt in ein Gelenk gespritzt. Ist so eine Anästhesie positiv, so ist der Sitz der Lahmheitsursache genau und sicher lokalisiert. Wichtig ist diese Untersuchung zum Beispiel vor geplanten Operationen, etwa wenn ein Pferd eine Lahmheit zeigt und an dem lahmen Bein durch Röntgen in einem Gelenk ein Chip gefunden wird. Bevor der Chip als Verursacher der Lahmheit genannt und operativ entfernt wird, kann so eine Anästhesie beweisen, ob er schuld ist.

Andernfalls operiert man nämlich einen an dieser Lahmheit „unschuldigen" Chip, ohne dadurch die Lahmheit zu beseitigen.

So ein Gelenk ist ein hoch sensibler Bereich. Kommt mit der Injektion eine Infektion in das Gelenk, kann das zu dauernder Unbrauchbarkeit des ganzen Pferdes führen. Die Gefahr, dass man durch Berühren des Gelenkknorpels mit der Injektionsnadel einen bleibenden Schaden setzt, ist ebenfalls gegeben.

Ich will Ihnen keine Angst machen, aber deutlich darauf hinweisen, dass dieses Vorgehen nicht risikolos ist. Damit der diagnostische Wert dieser Untersuchungsmethode genutzt werden kann, benötigen Sie optimale Bedingungen. Dazu gehören ein kompetenter Tierarzt, eine gute Vorbereitung der Injektionsstelle (damit das dem Tierarzt möglich ist, soll das Pferdebein trocken sein), steriles Besteck (damit dies möglich ist, benötigen Sie ein Stück saubere, ebene Fläche, auf der die Sachen abgestellt werden können) und ein absolut still stehendes Pferd. Wenn Ihr Tierarzt zur sicheren Fixierung des Pferdes Zwangsmaßnahmen vornehmen will, diskutieren Sie nicht. Er will nur das Risiko für Ihr Pferd minimieren, das ist sein Job und in Ihrem Interesse.

Nach Leitungsanästhesien können, nach Gelenkanästhesien müssen Verbände an der Injektionsstelle angelegt werden. Sie vermeiden Infektionen, beschleunigen die Heilung entstandener Blutergüsse und unterstützen die schnelle Resorption des Anästhetikums.

Bildgebende Verfahren

Röntgen

In vielen Fällen führt erst das Röntgen zu einer exakten Diagnose. Es sind immer nur die röntgenologischen Befunde für die Diagnose auswertbar, die einen Zusammenhang zu den klinischen Symptomen haben. Oft können Röntgenbilder einen Aufschluss geben über die voraussichtliche Heilungschance und Heilungsdauer.

Sehr häufig werden Röntgenbilder überinterpretiert. Behalten Sie im Hinterkopf, dass es sowohl Pferde gibt, die Röntgenbefunde haben und lahmfrei laufen, als auch Pferde mit Lahmheiten ohne entsprechenden Röntgenbefund.

Nahezu alle Abschnitte des Pferdebeines sind einer Röntgenuntersuchung zugänglich. Mit modernen tragbaren Geräten können die meisten Aufnahmen auch bei Ihnen im Stall angefertigt werden. Sie benötigen lediglich einen Stromanschluss und dicht dabei ein Stück festen, trockenen und ebenen Boden. Da Röntgenröhren wechselnde Widerstände nicht gut vertragen und teuer sind, kann es sein, dass Ihr Tierarzt sich weigert, eine Kabeltrommel oder Generatorstrom zu benutzen. Ohne Strom kann man nicht röntgen.

Die ganz moderne digitale Röntgentechnik kann bisher nur in einigen Kliniken angeboten werden. Sie lässt eine Bearbeitung der Bilder zu und kann in wenigen Einzelfällen bessere Ergebnisse bringen als die herkömmliche Technik.

Zum Röntgen werden außer dem Gerät, der Umgebung und dem Pferd auch ein bis zwei Hilfskräfte benötigt. Diese Hilfskräfte sollen nach dem Strahlenschutzgesetz über 18 Jahre alt und nicht schwanger sein. Alle am Anfertigen der Röntgenaufnahme beteiligten Personen sollen Bleischürzen und Handschuhe tragen. In dem Bereich, in dem geröntgt wird, sollen sich keine weiteren Personen aufhalten. Auch nicht mal schnell vorbeigehen, nur eben ein Pferd rausholen oder eine Karre vorbeischieben.

Nach dem Anfertigen der Röntgenbilder müssen die Filme entwickelt werden. Danach werden die Aufnahmen beurteilt. Erst dann ist eine definitive Aussage möglich.

Röntgenaufnahmen können Knochen und Gelenke darstellen. Man kann Konturunterbrechungen, Knochenzubildungen, Knochenauflösungen, Strukturveränderungen, Arthrosen, Chips und OCD-Veränderungen darstellen. Zur Darstellung von Weichteilen wie Sehnen und Muskeln ist Röntgen ungeeignet.

Gute röntgenologische Darstellungen erfordern ein genaues Fokussieren. Die darzustellenden Strukturen sollen von den Röntgenstrahlen orthograd getroffen werden und in der Mitte der Aufnahme liegen. Einige Strukturen werden besser mit einem Raster aufgenommen.

Um Veränderungen richtig interpretieren zu können, muss immer in mindestens zwei Ebenen geröntgt werden. Häufig wird hierfür dasselbe Gelenk von vorne nach hinten und von der Seite geröntgt. Einige Strukturen können nur auf schrägen Aufnahmen beurteilt werden. Hier werden zusätzlich Schrägaufnahmen angefertigt.

In einigen Fällen können Gelenke besser am aufgehobenen, leicht gebeugten Bein dargestellt werden.

Ein ganz wichtiger Knochen, das Strahlbein, ist nur mit Trick in der zweiten Ebene darstellbar. Seitlich ist ein Strahlbein gut zu sehen, aber in einer Aufnahme von vorne nach hinten ist es leider so überlagert, dass es nicht zu beurteilen ist. Man hilft sich mit zwei verschiedenen Techniken: der tangentialen Aufnahme und der Aufnahme nach Oxspring. Bei der tangentialen Aufnahme wird der Huf auf die den Film enthaltende Röntgenplatte gestellt. Der Strahlengang aus dem Röntgengerät kommt dann von schräg hinten und oben. Bei der Aufnahme nach Oxspring wird der Pferdehuf auf einen Keil gestellt und dann von vorne nach hinten geröntgt. Dieser Keil eignet sich auch für gerade und schräge Aufnahmen auf die Hufbeinäste und die Hufknorpel. Aufnahmen, die technisch nicht gut sind, sind nicht beurteilbar. Auch wenn es Zeit, Geld und Nerven kostet, müssen schlechte Aufnahmen wiederholt werden.

Um Interpretationen von Röntgenbildern durchschaubar und vergleichbar zu machen, gibt es ein Schema. Eine aus Fachleuten zusammengesetze Kommission hat Richtlinien zur Beurteilung von Röntgenaufnahmen erstellt. Diese Richtlinien sind einheitlich, auf die Praxistauglichkeit geprüft und werden von der Kommission regelmäßig überarbeitet und weiterentwickelt. Es ist so möglich, Röntgenbefunde in Klassen einzuteilen und den Schweregrad einer Veränderung durch eine Zahl anzugeben.

Ultraschall oder Sonographie

Dieses Verfahren eignet sich zur Darstellung von Weichteilen. Vor allem in der Untersuchung der Sehnen ist die Ultraschalluntersuchung ein wichtiges Instrument. Diese Untersuchung tut nicht weh, macht nichts kaputt und kommt ohne schädliche Strahlen aus. Die Ultraschalluntersuchung benötigt einen Stromanschluss.

Es sind sowohl die Art als auch das Ausmaß eines Schadens eindeutig beurteilbar. So eignet sich die Ultraschalluntersuchung auch zur Kontrolle eines Therapieverlaufs und zum Beurteilen des Therapieerfolgs.

Sehnen, Bänder, Muskulatur, Umfangsvermehrungen verschiedenster Ursache und sogar Gelenkkapseln und Knorpel sind durch dieses Verfahren darstellbar. Durch den Hufstrahl hindurch können der Schleimbeutel und die tiefe Beugesehne über dem Strahlbein beurteilt werden.

Zur Ultraschalluntersuchung ist es wichtig, den Schallkopf so an die zu untersuchenden Strukturen heranzubringen, dass keine Luft dazwischen ist. Die Kollegen streiten seit mehreren Jahren, ob ein Abscheren der Haare über den zu untersuchenden Strukturen zwingend notwendig ist, oder ob auch gutes Eingelen ähnlich gute Sicht zulässt. Für einige Untersuchungen benötigt man eine Vorlaufstrecke, eine Art Polster. In einigen Geräten ist so eine Vorlaufstrecke auch bereits integriert. Sie benötigen neben der richtigen Gerätetechnik unbedingt einen versierten Untersucher. Es ist nämlich ganz leicht, durch Fehler in der Untersuchung Artefakte zu produzieren (Artefakte sind Kunstprodukte, also Darstellungen, die nicht aus der untersuchten Struktur kommen, sondern zum Beispiel von Luftblasen oder als Wiederholungsechos). Für den ungeübten Betrachter sieht ein Ultraschallbild zunächst aus wie ein Fernseher nach Sendeschluss. Die Untersuchung und die Interpretation der Befunde gelingen so nur dem ausgebildeten und geübten Untersucher und nur mit ausreichender Untersuchungszeit.

In jedem Fall soll der Hautbereich über den zu untersuchenden Strukturen gut mit Ultraschallgel eingeschmiert sein, um eine gute Ankopplung zu gewährleisten. Anschließend wird der Schallkopf über den zu untersuchenden Strukturen auf die Haut gelegt. Das entstehende Bild zeigt alle Strukturen, die vor dem Ultraschallkopf liegen, in dieser Reihenfolge. Zu sehen ist sozusagen eine Scheibe des Beines von außen nach innen. An Luftblasen wird der Schall reflektiert und lässt so eine Darstellung von darunterliegenden Strukturen nicht zu. Dasselbe passiert in der Tiefe beim Auftreffen des Ultraschalls auf den Knochen. Strukturen darunter sind nicht darstellbar. Der Untersucher kann auf einem Bildschirm während der Untersuchung die Strukturen sehen und beurteilen. Häufig sind die Strukturen während der Untersuchung und im bewegten Bild besser darstellbar als später auf Ausdrucken zu Hause. Wenn Sie Interesse daran haben, vereinbaren Sie einen Termin, bei dem Sie während der Untersuchung zusehen können.

Außer dem diagnostischen Wert der Ultraschalluntersuchung gibt es für diese Technik noch einen Anwendungsbereich: Es ist möglich, Injektionen in erkrankte Bereiche oder Punktionen von Flüssigkeitsansammlungen unter Ultraschallkontrolle exakt durchzuführen.

Hier sehen Sie eine szintigrafische Untersuchung der Zehe. Foto: Dr. Jahn

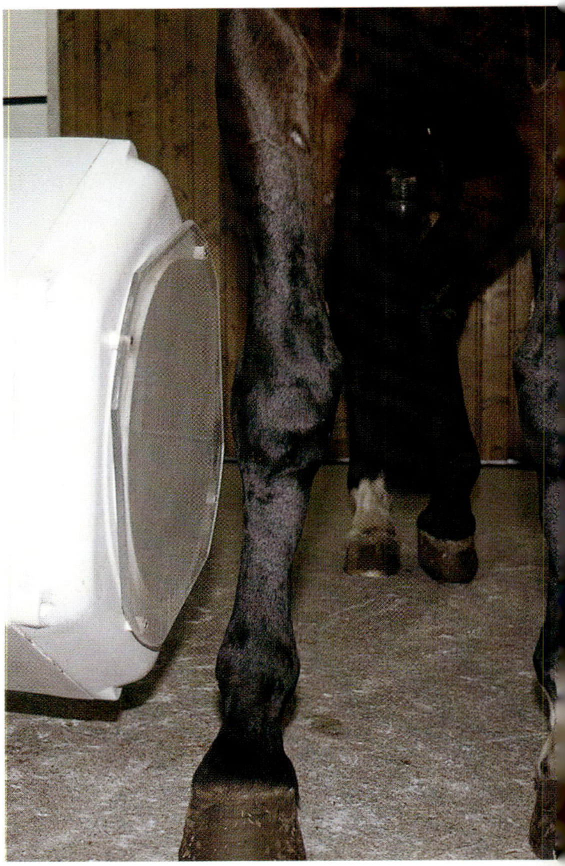

Die Gammakamera guckt jetzt weiter oben auf das Vorderfußwurzelgelenk. Foto: Dr. Jahn

Szintigraphie

Die Szintigraphie ist eine relativ neue Untersuchungsmethode, die inzwischen von mehreren Kliniken angeboten werden kann. Zu Hause im Stall ist eine Szintigraphie nicht durchführbar.

Die Methode ist elegant und von erheblichem diagnostischen Wert. Die szintigraphische Untersuchung kann beurteilen, ob eine röntgenologisch darstellbare Veränderung eine aktuelle Bedeutung hat. Sie kann auch Krankheitsprozesse zeigen, die (noch) keine röntgenologische Entsprechung haben. Knochen, so fest er uns auch erscheint, ist kein statisches Gebilde. Immer und überall finden dynamische Knochenumbau-, Knochenaufbau- und Knochenabbauprozesse statt. An aktuell stark beanspruchten Stellen ist dieser Knochenstoffwechsel stärker.

Für die Szintigraphie machen wir uns dies zunutze und überlisten den Knochen. Normalerweise benötigt er Kalzium als kleines Bausteinchen zum Einbauen. Durch Injektion von einem täuschend ähnlichen und radioaktiv markierten Teilchen wird der Knochen dazu gebracht, anstelle von Kalzium-Bausteinchen die neu angebotenen markierten Bausteinchen einzubauen. Diesen Vorgang kann man mit einer Gammakamera beobachten.

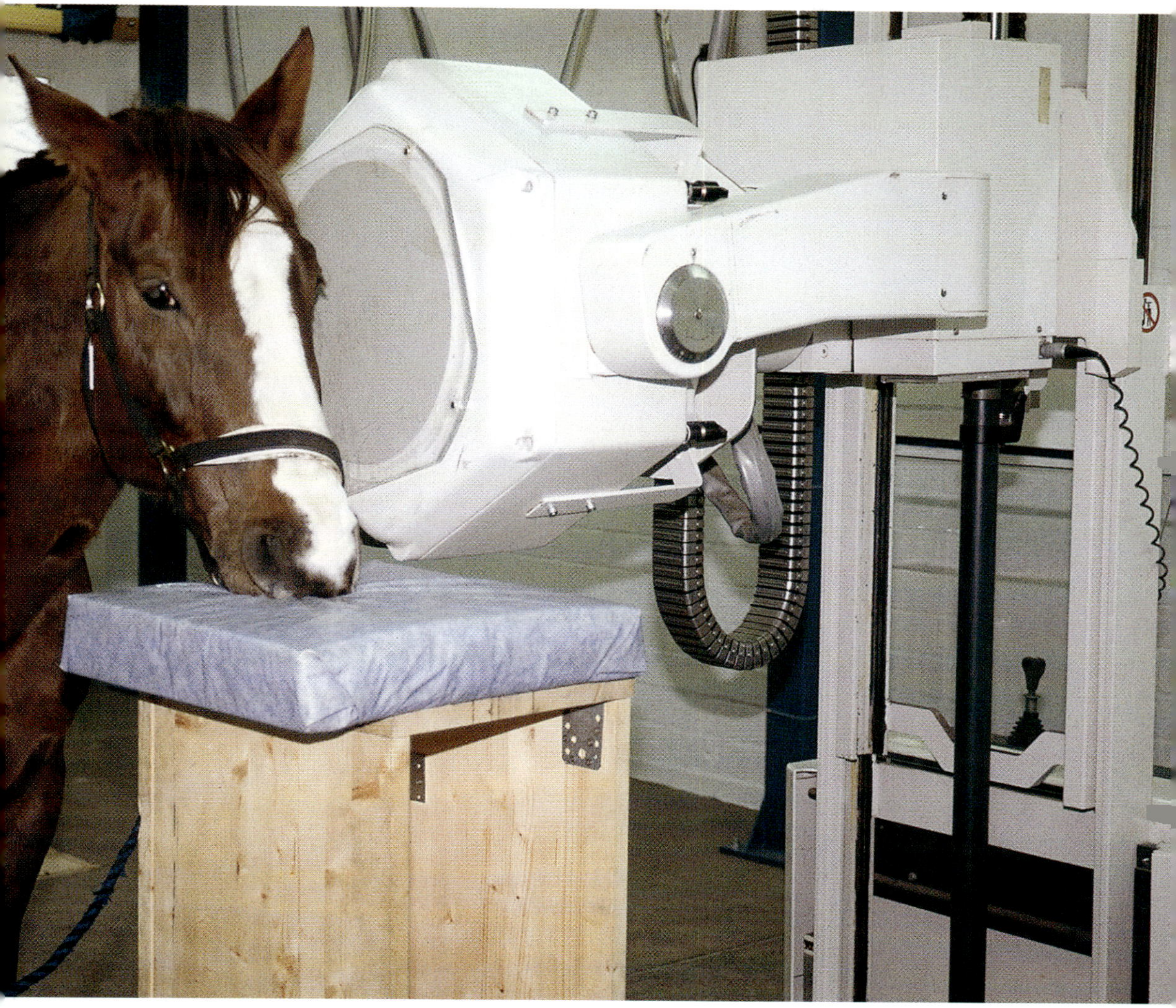

Auch wenn es hier nicht hergehört, sogar Genick und Halswirbelsäule können szintigrafisch untersucht werden. Foto: Dr. Jahn

Die Halbwertszeit dieser markierten Teilchen ist relativ kurz und sie werden natürlich auch wieder ausgebaut. Die Untersuchung auf verstärkte Strahlung ist nur wenige Stunden nach der Injektion möglich.

Umgang mit radioaktivem Material unterliegt zu Recht strengen Sicherheitsvorschriften.

Die Kliniken, in denen solche Untersuchungen durchgeführt werden, haben entsprechende Einrichtungen und die Untersucher haben auch die notwendigen Qualifikationen. Sie werden Ihnen sagen, wann Sie Ihr Pferd nach der Untersuchung wieder besuchen können.

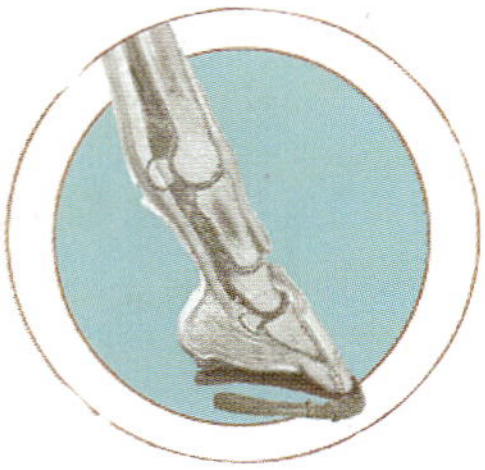

Wie geht es weiter?

In den vergangenen Kapiteln haben Sie gelesen, wie so ein Pferdebein aufgebaut ist, wie es funktioniert und wie Sie es untersuchen können. Im direkt vorausgegangenen Kapitel haben Sie erfahren, welche Untersuchungsmöglichkeiten darüber hinaus Ihr Tierarzt hat. Sie bekommen durch die Untersuchungen Hinweise auf den Sitz der Lahmheit.

Natürlich ist es immer möglich, dass verschiedene Lahmheiten sich ähnlich äußern. Zu jeder Diagnose gibt es abzugrenzende Differenzialdiagnosen. Um Ihnen den Überblick zu erleichtern, werden im Folgenden die verschiedenen Erkrankungen nach den Bereichen zusammengefasst, in denen sie auftreten. Die meisten Lahmheiten haben ihren Sitz in den unteren 30 Zentimetern der Pferde in der Zehe oder am Huf. Die Erläuterung der hier beschriebenen Erkrankungen ist aus diesem Grunde umfassender.

Einige krank machende Prinzipien sind in allen Bereichen gleich, sie werden dort besprochen, wo sie häufig vorkommen.

Es gibt ein paar Faustregeln (die natürlich Ausnahmen haben):

- Stützbeinlahmheiten sind im Bogen stärker zu sehen, wenn das kranke Bein innen ist.
- Hangbeinlahmheiten sind im Bogen stärker zu sehen, wenn das kranke Bein außen ist.
- Lahmheiten mit den Ursachen an Knochen und Gelenken treten auf hartem Boden stärker auf.
- Lahmheiten mit Ursachen in den weichen Geweben, also Sehnen und Bändern, treten im weichen Boden stärker auf.

Bitte lassen Sie sich nicht von mir hinters Licht führen. Es ist niemals so einfach, wie es hier strukturiert ist. Natürlich können bei einer Lahmheit verschiedene Dinge zusammenkommen. Ebenso können krankhafte Prozesse über einen Bereich hinausreichen. Lahmheiten können diagonal ausgeglichen werden, sodass ein Pferd, das uns im Trab vorne rechts lahm erscheint, eine Erkrankung hinten links hat.

Einige Lahmheiten haben ihre Ursache ganz woanders. Zum Beispiel können Pferde mit einem Zahnproblem unter dem Reiter lahm sein. Einige Probleme kommen ursächlich aus dem Rücken oder dem Kreuzdarmbeingelenk. Wieder andere Lahmheiten haben Ursachen in der Halswirbelsäule. Oder Ursachen in segmentalen Blockaden oder Durchblutungsstörungen. Manche Pferde reagieren durch Lahmheit auf schlecht passendes Sattelzeug oder falsche Einwirkung der Reiterhand. Andere stolpern viel aufgrund einer schwächenden Allgemeinerkrankung.

Schauen Sie also genau hin, und wenn Sie entschieden haben, woher die Lahmheit kommen müsste, lesen Sie das entsprechende Kapitel.

Noch einmal die Tierschutzhinweise: Rufen Sie rechtzeitig Ihren Tierarzt. Bewegen Sie hochgradig lahme Pferde bis zum Eintreffen des Tierarztes nicht. Schonen Sie Ihr Pferd, wenn Sie Veränderungen im Anfangsstadium feststellen.

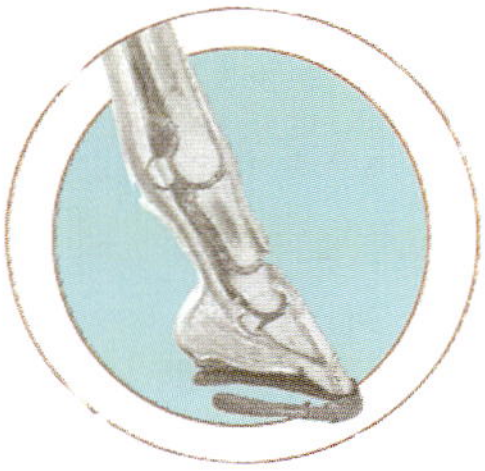

Erkrankungen im Bereich des Hufes

Zusammenhangstrennungen der Hornkapsel

Verletzungen

Durch Gegenschlagen gegen sehr feste Gegenstände oder Treten gegen im Boden verborgene Steine kann es zu einer Verletzung der Hornkapsel kommen. Die Verletzung bedingt meist eine Zusammenhangstrennung aller Schichten, sodass in dem entstandenen Riss Blut zu sehen ist. Betroffene Pferde sind unmittelbar nach der Verletzung deutlich lahm. Innerhalb weniger Stunden wird die Lahmheit hochgradig. Die Mittelfußarterie pulsiert deutlich. Bei der Untersuchung der Hornkapsel kann ein Riss und eventuell eine Verschieblichkeit ertastet werden. Es ist erforderlich, dass derartig verletzte Pferde einer Röntgenuntersuchung zugeführt werden, um abzuklären, ob auch das Hufbein verletzt ist. Ist lediglich die Hornkapsel betroffen, gelingt eine Abheilung je nach Sitz der Verletzung an der Hornkapsel innerhalb weniger Wochen. Zur Behandlung sind feuchte Verbände, entzündungshemmende Medikamente und zu Beginn der Behandlung auch Antibiotika erforderlich. In der Hufzubereitung muss darauf geachtet werden, den verletzten Bereich zu entlasten. Im Heilungsverlauf kann dies nach Ende des akuten Stadiums mit Hilfe eines Beschlags geschehen.

Hornspalten

Hornspalten verlaufen in Längsrichtung von der Krone zum Tragrand. Sie können durchlaufend, nur am Kronrand oder nur am Tragrand vorkommen. Hornspalten können oberflächlich (Windrisse) oder tief sein. Wenn sie bis auf die Lederhaut reichen, spricht man von durchdringenden Hornspalten. Hier ist die Gefahr einer Entzündung der Lederhaut gegeben. Oberflächliche und tiefe Hornspalten zeigen zunächst keine Symptome. Erst wenn sie durchdringen, entstehen Stützbeinlahmheit, Pulsation und Schmerzhaftigkeit. Die meisten Hornspalten sind Folge übermäßiger Belastung einzelner Abschnitte der Hornwand.

Dies kann seine Ursache in einer krankhaft veränderten Hufform oder in Fehlern bei der Hufzubereitung und dem Beschlag haben. Es kommen auch Hornspalten vor nach Verletzung des Saumbandes: Wunden am Kronrand können dazu führen, dass vorübergehend in diesem Bereich kein Horn gebildet wird, oder nach Abheilung der Wunde in diesem Bereich Narbenhorn gebildet wird. Derartige Hornspalten sind oft nicht durchdringend. Die Behandlung richtet sich nach Sitz und Ausmaß des Hornspaltes. Sehr wichtig ist die Entlastung des betroffenen Wandabschnittes durch Hufzubereitung und Beschlag. Bei Tragrandspalten kann versucht werden, durch Hufzubereitungsmaßnahmen am oberen Ende des Spaltes ein Weiterreißen zu verhindern. In einigen Fällen kann es angeraten sein, die Hufwand

Ein kleiner Tragrandhornspalt, eine Aufgabe für den Schmied. Foto: Dr. Ende

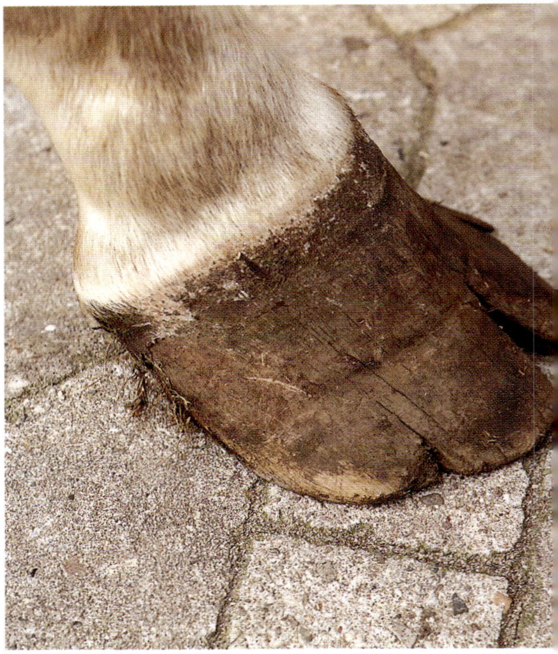

Hier dagegen wäre es schon lange die Aufgabe des Besitzers gewesen, Schmiedehilfe in Anspruch zu nehmen. Foto: Dr. Ende

Durchdringende Hornspalten sind schlecht zu behandeln. Foto: Dr. Ende

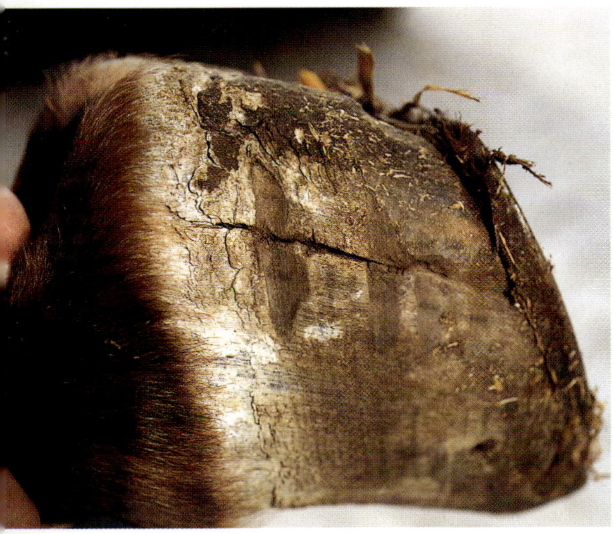

neben dem Spalt dünn zu raspeln oder den Spalt aufzufräsen. Die Heilung gelingt dann unter Verbänden oder durch Anbringen von Kunsthornprodukten, Hornklebern, Hornpflastern oder Klammern.

Hornkluft

Die Hornkluft ist eine Zusammenhangstrennung der Hornkapsel parallel zum Kronrand. Sie entsteht nach Verletzungen am Kronrand. Kurzzeitig wird im Bereich des verletzten Saumbandes kein Horn oder lediglich wenig, die Lederhaut knapp bedeckendes Narbenhorn gebildet. Im Tempo des Hufwachstums wird der entstandene Defekt vom Kronrand zum Tragrand vorgeschoben (er wächst heraus). Ein Weiterreißen der Hornkluft ist nicht zu befürchten. Behandlungsbedarf besteht nur, wenn die darunterliegende Lederhaut infiziert ist.

In horizontaler Richtung entsteht eine Hornkluft.
Foto: Dr. Ende

Hohle Wand

Bei der hohlen Wand kommt es zu einer Trennung des Wandhorns. Diese Trennung besteht meist zwischen der Blättchenschicht und der Röhrchenschicht. Das Horn der weißen Linie ist erhalten. Der entstandene Hohlraum kann vom Tragrand bis zum Kronrand hoch ausgedehnt sein. Wenn man gegen die Hufwand klopft, klingt es hohl. Manchmal kann auch eine sichtbare Abhebung des äußeren Wandteils festgestellt werden. Einige Pferde gehen vor allem auf weichem Boden und auf gebogener Linie lahm. Die Lahmheit entsteht beim Abrollen. Zur Behandlung muss der entsprechende Wandabschnitt entlastet werden. Eventuell muss sogar ein Teil der Wand abgetragen werden. Enge Zusammenarbeit mit dem Schmied ist unbedingt erforderlich. In einigen Fällen ist die hohle Wand schlecht behandelbar und reißt immer wieder auseinander. Das kann zur Arbeitsunfähigkeit des Pferdes führen.

Solche Infektionen lassen sich durch Reinigung und eventuellen Verschluss der Hornkluft vermeiden.

Lose Wand

Die lose Wand ist beschrieben als eine Zusammenhangstrennung zwischen Wandhorn und Sohlenhorn. Dies geschieht durch Verlust des Horns der weißen Linie. Die lose Wand kommt bei Rehehufen und bei sehr flachen und weiten Hufen schwerer Pferde vor. Zur Behandlung ist ausreichende Hufpflege und Hufzubereitung ausreichend. Die Pferde gehen in aller Regel nicht lahm. Es besteht die Gefahr des Entstehens einer Lederhautentzündung.

Strahlfäule

Bei der Strahlfäule zersetzt sich das Horn im Strahlbereich durch Fäulniserreger und bestimmte Bakterien. Vor allem, wenn Hufe schlecht oder unregelmäßig gepflegt werden, kommt Strahlfäule vor. Feuchte Ställe, in denen die Pferde in eigenem Kot und Urin stehen, begünstigen das Entstehen von Strahlfäule. Bewegungsmangel oder ein Beschlag, der die freie Luftzufuhr zum Strahl einschränkt (Polster, Platten), können die Erkrankung auch begünstigen. Ausgeprägte Strahlfäule dringt tief in den Strahl ein und kann bis zu lebenden Bereichen reichen. Dann entstehen Lahmheit und Schmerz. Der Geruch, der vom aufgehobenen Fuß ausgeht, ist unangenehm und faulig. Bei lang andauernder Strahlfäule entstehen durch eine langsam fortschreitende Saumlederhautentzündung typische Hornringe. Sie sind leicht erhaben und laufen

Bei so schlecht gepflegten Hufen können sich Strahlfäule und sogar Hufkrebs entwickeln. Foto: Dr. Ende

schräg nach vorne und oben. Sie können je nach Hufform an den Seitenwänden die Krone erreichen, oder bis auf die vordere Hufwand ziehen und sich dort mit den Hornringen der anderen Seite treffen. Lang anhaltende Strahlfäule kann zur Ausbildung eines Zwanghufs führen.

Durch regelmäßige Pflege und Reinigung kann Strahlfäule gut behandelt werden. Ihr Tierarzt oder Ihr Schmied kann Ihnen die im Einzelfall geeigneten Pflegemittel besorgen. Auf ausreichende Sauberkeit der Box und ausreichende Bewegung muss unbedingt geachtet werden.

Hufkrebs

Beim Hufkrebs ist die Bildung von neuem Horn gestört (Parakeratose, Ausbleiben von Epithelisierung und Verhornung). Der Hufkrebs kann als Wandkrebs, als Strahlkrebs, als Eckstrebenkrebs oder als Sohlenkrebs vorkommen. Es handelt sich nicht um eine Tumorerkrankung. Die Bezeichnung Krebs kommt aussschließlich daher, dass die Wucherungen krebsartig aussehen. Das klinische Bild ist typisch. Nur der Strahlkrebs kann im Anfangsstadium mit der Strahlfäule verwechselt werden. Betrachtet man Statistiken, so stellt man fest, dass der Hufkrebs bei Kaltblütern und großen Warmblütern häufiger vorkommt. Füchse sind häufiger erkrankt als Pferde anderer Farben und Hinterbeine häufiger als Vorderbeine. Es kann nur ein Huf betroffen sein, oder mehrere. Welche äußeren Faktoren tatsächlich eine Rolle spielen und inwieweit Pilze und Bakterien an der Entstehung von Hufkrebs mitwirken ist nicht abschließend geklärt.

Auf den betroffenen Abschnitten des Hufs entstehen schmierige, käsige Auflagerungen mit kariösem Geruch. Beim Abtragen dieser Auflagerungen oder auch beim Treten auf Steinchen oder Ähnliches entstehen Blutungen. Zu Beginn der Erkrankung sind die Pferde nicht lahm. Die Therapie besteht aus einem beherzten Wegschneiden aller betroffenen Bereiche unter Sedation oder Narkose. Schmied und Tierarzt müssen hier eng zusammenarbeiten. Anschließend muss längerfristig mit Arzneien und Verbänden behandelt werden. Die Behandlung ist immer sehr aufwändig und dauert in aller Regel lange. Die Aussichten auf Erfolg sind niemals richtig gut. Auch wenn in Einzelfällen eine Abheilung innerhalb von sechs Wochen erreicht werden konnte, ist das leider nicht die Regel. Häufig ist die Erkrankung nicht besiegbar oder Heilung tritt erst nach sehr langer Behandlung ein. Oft kommt die Erkrankung auch wieder, nachdem scheinbar Heilung erreicht wurde.

Lederhautentzündung

Die Lederhautentzündung kann infektiös (mit Keimen) oder aseptisch (keimfrei) sein.

Infektiöse Lederhautentzündung

Infektiöse Lederhautentzündungen können bei allen Pferden, Ponys und Eseln in jedem Alter auftreten. Sie kommen in allen Bereichen der Hornkapsel vor. Infektiöse Lederhautentzündungen entstehen infolge von Verletzungen der Hornkapsel oder durch Eindringen von Keimen durch dünnes und feuchtes Horn. Je nachdem was für Erreger wie tief eingedrungen sind, unterteilen Tierärzte die infektiösen Lederhautentzündungen noch in oberflächlich eitrige Entzündungen, tiefe eitrige Entzündungen und eitrig-faulig-fressende (gangränöse) Entzündungen. Es gibt also ganz einfache und ziemlich schlimme Formen dieser Erkrankung. Allen gemeinsam ist: Die Pferde gehen lahm und am Huf sind deutliche Entzündungssymptome feststellbar (Wärme, Pulsation der Mittelhandarterie beziehungsweise Mittelfußarterie, Empfindlichkeit bei Zangendruck). Bei der oberflächlich eitrigen Lederhautentzündung ist die Flüssigkeit, die sich ansammelt, grau oder schwarz. Durch Nachschneiden kann ein Zugang zu den Flüssigkeitsansammlungen geschaffen werden. Diese fließen dann gut und meist vollständig ab und es entsteht sofort eine Druckentlastung und eine erhebliche Verbesserung der Lahmheit. Es kann hilfreich sein, wenn die Lokalisation des Krankheitsherdes nicht am ersten Tag gelingt, für zwei bis drei Tage feuchte Verbände oder Verbände mit Sauerkraut anzulegen. Hierdurch konzentriert sich der Eiter (umgangssprachlich: der Hufabszess reift) und ist dann leichter zu finden. In einigen Fällen bricht der Abszess auch von sich aus nach außen durch und entleert sich. Manchmal setzt sich der aufgeschnittene Gang noch einmal zu und die Lahmheit kommt wieder. Hier muss erneut nachgeschnitten werden. Sollte es beim Nachschneiden zu Blutungen kommen, so muss anschließend der Huf verbunden werden. Ihr Pferd ist doch gegen Tetanus geimpft? Sonst sollten Sie es jetzt ganz schnell nachholen!

Bei der tiefen eitrigen Lederhautentzündung ist die Entzündung tiefer vorgedrungen und reicht bis an die Lederhaut heran. Der Eiter ist dickflüssig und riecht intensiv. Der Eiterherd kann sich ausdehnen und Gewebe, an die er gelangt, einschmelzen. Nur in seltenen Fällen bricht so ein Eiterherd von sich aus nach außen durch, häufiger bricht er in die inneren Strukturen ein. Das Wohlbefinden der Pferde mit einer tiefen eitrigen Lederhautentzündung ist erheblich gestört. Die Pferde gehen hochgradig lahm und haben häufig auch Fieber. Die über dem Huf liegenden Bereiche können stark anschwellen. Lassen Sie sich nicht täuschen: Das Pferd ist lahm und das Fesselgelenk ganz dick? Tasten Sie, ob nicht vielleicht auch der Huf recht warm ist, die Pulsation in der Mittelfußarterie deutlich klopfend ist und das Pferd Fieber hat. Tiefe eitrige Lederhautentzündungen müssen immer aufgeschnitten werden. Der Eiter muss vollständig entfernt werden. Anschließend erfolgt die Heilung unter Druckverbänden, das kann vier bis sechs Wochen dauern! Wenn das Pferd Fieber hat, kann es oft nötig sein, Antibiotika zu verabreichen. Natürlich überprüfen Sie auch hier den Tetanusimpfschutz Ihres Pferdes.

Die eitrig-faulig-fressende Lederhautentzündung ist sozusagen noch eine Nummer schlimmer. Zum Glück ist sie relativ selten. Zu den Eitererregern kommen Fäulnisbakterien dazu. In gemeinsamem Vordringen können die auch die Sehnen und Gelenke angreifen und infizieren. Der Eiter ist dünnflüssig, graurot bis schokoladenbraun und riecht jauchig. Man könnte auch sagen: er stinkt. Diese Erkrankung ist sehr gefährlich. Die Pferde sind hochgradig lahm und fiebrig. In den meisten Fällen haben sie auch Schwierigkeiten mit dem Kreislauf. Die Therapie muss frühzeitig und intensiv erfolgen, damit das Pferd eine Chance hat. Alles, was erkrankt ist, wird abgetragen und das verbleibende Gewebe wird sauber gespült und verbunden. Die betroffenen Pferde erhalten Antibiotika, Kreislaufmedikamente und Leberschutzlösungen.

Aseptische Lederhautentzündung

Nur damit Sie nicht meinen, es wäre alles so einfach, unterteilen wir wieder noch weiter in akute und chronische aseptische Huflederhautentzündungen. Sie können einen kleinen Bereich betreffen oder diffus verteilt sein.

Die Ursache der akuten aseptischen Lederhautentzündung ist meist eine Quetschung der Lederhaut in bestimmten Bereichen. Solche Quetschungen entstehen zum Beispiel durch Druck des Eisens, Nageldruck, eine zu dünn geschnittene Sohle oder durch Treten auf einen Stein. Betroffene Pferde gehen lahm und zeigen eine verstärkte Pulsation der Mittelfußarterie. Häufig versuchen die Pferde, den gequetschten Bereich nicht zu belasten, und setzen so nur mit der Spitze oder nur innen auf. Beim Anhalten entlasten die Pferde den betroffenen Fuß, indem sie ihn herausstellen oder ruhen lassen. Bei der Zangenuntersuchung findet man Schmerzhaftigkeit im entsprechenden Bereich.

So unterschiedliche Hufe können zum gleichen Pferd gehören. Foto: Dr. Ende

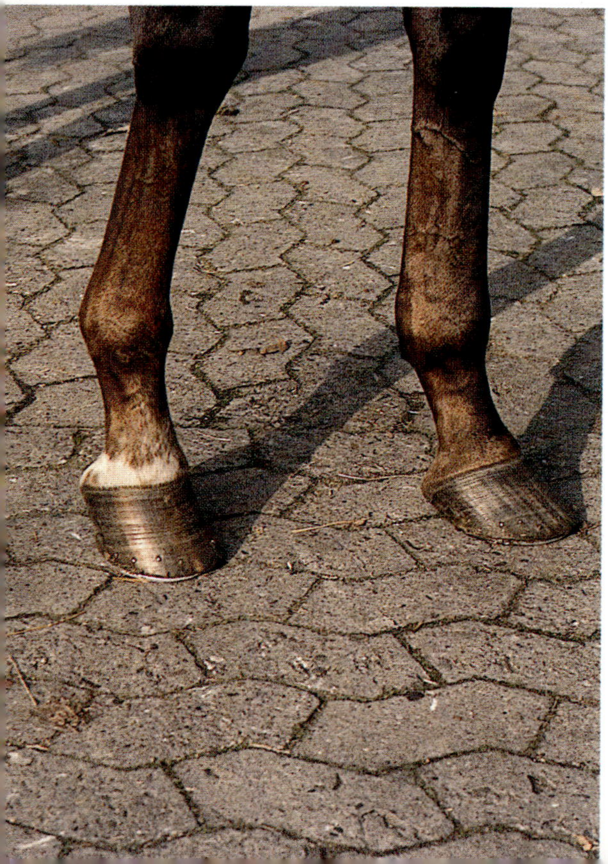

Ist die Ursache der Quetschung noch vorhanden (Nageldruck, Stein in der Strahlfurche oder Ähnliches) muss diese zunächst entfernt werden. Schneidet man in dem durch Zangenuntersuchung gefundenen Bereich nach, so trifft man auf mürbes Horn und darunter auf rötlich oder gelblich verfärbte Bereiche. In aller Regel klingt diese Erkrankung innerhalb von zwei bis drei Tagen unter feuchtwarmen Verbänden gut ab. Die gequetschte Stelle kann durch Beschlag oder Einbringen einer Sohle aus der Belastung genommen werden, damit hier nicht erneut Quetschungen entstehen.

Die chronische aseptische Huflederhautentzündung entsteht durch wiederholte oder anhaltende Quetschungen eines Bereichs der Lederhaut. Das passiert zum Beispiel, wenn zu enge Eisen auf die Eckstreben drücken oder ein verknöcherter Hufknorpel immer wieder Druck verursacht. Die Behandlung besteht in einer Beseitigung der Quetschung, wenn das möglich ist. Oft hilft es, die Pferde vier bis sechs Wochen unbeschlagen auf einer Weide laufen zu lassen.

Steingallen

Eine Folge der chronischen aseptischen Lederhautentzündung ist die chronische Steingalle.

Steingallen sind umschriebene Verfärbungen des Hufhorns. Zu diesen Verfärbungen kommt es, wenn Blutungen der Lederhaut in die unteren Hornschichten eindringen. Frisch sind diese Verfärbungen rot und scheinen durch die äußeren Hornschichten durch. Ältere Steingallen verfärben sich durch den Abbau des Blutfarbstoffs, wie bei uns blaue Flecken.

Sie werden bläulich, grünlich, gelblich und schließlich braun. Oft gehen Pferde mit Steingallen nicht lahm und der Schmied findet alternde Steingallen zufällig beim Aussschneiden. Ist eine Steingalle lahmheitsverursachend, so findet man sie mit der Zangenuntersuchung. Der erkrankte Bereich muss durch die Hufzubereitung entlastet werden.

Saumlederhautentzündung

Die Saumlederhautentzündung verläuft fast immer chronisch. Meistens sind alle vier Hufe betroffen. Die Pferde sind normalerweise nicht lahm und man bemerkt die Erkrankung nur, wenn man den Huf und das Saumband genau ansieht. Die Haare am Saumband stehen ab und sehen gesträubt aus. Durch das hier im Übermaß und in schlechter Qualität gebildete Horn erhält der Huf statt einer schützenden Glasurschicht einen Überzug aus bröckligem Horn. Das sieht fast so aus wie Birkenrinde. Schuld daran ist unzureichende Hufpflege (dann sind oft auch Strahlfäule und lose Wände vorhanden) oder Hufpflege mit ungeeigneten Pflegemitteln. Nicht alle käuflichen Huffette sind zur Pflege des empfindlichen Saumbandes geeignet.

Besteht eine Saumbandentzündung, so sollte man die Haare am Saumband entfernen und den Bereich mit grüner Seife oder Kernseife waschen. Waschen tut man nur einmal pro Woche. Nach dem Waschen tupft man den Bereich trocken und fettet mit Vaseline oder Salben gut ein. Zur Unterstützung der Abheilung kann man dem Pferd Betacarotin oder Vitamin A verabreichen (Achtung, überdosiert ist das schädlich). Bis der Huf wieder richtig gut aussieht, kann es mehrere Monate dauern.

Hufrehe

Die Hufrehe ist eine hochgradig schmerzhafte Allgemeinerkrankung, die mit einer Entzündung der Huflederhaut einhergeht. Häufig sind beide Vorderhufe betroffen. Es kann aber auch nur ein Huf oder auch alle vier Hufe betroffen sein. Je nach Schwere der Erkrankung bestehen erhebliche Wärme der betroffenen Hufe, deutliche Pulsation der Mittelhandarterie, Schmerzhaftigkeit bei der Zangenuntersuchung und ein Lahmheitsgrad von einer leichten Lahmheit bis zum Verweigern der Bewegung und Liegen des Pferdes. So lange die Pferde sich noch bewegen mögen, setzen sie die Trachten zuerst auf und zeigen so einen pantoffelnden Gang. Es besteht erheblicher Wendeschmerz.

Die Hufreheerkrankung geht meist mit gestörtem Allgemeinbefinden und Fieber einher.

Ursachen für die Entstehung einer Hufrehe ist die Aufnahme von zu viel frischem Gras (was zuviel ist, das ist relativ, gefährlich ist vor allem die Umstellung von Winterfütterung auf Weide und die Umstellung auf neue Weiden), großen Mengen Kraftfutter oder giftigen Pflanzen. Eine Hufrehe kann aber auch entstehen nach Aufnahme großer Mengen kalten Wassers oder nach ungewohnter Belastung (Weglaufen über Asphalt, Beschlagsfehler). Aufgrund von Geburtsproblemen, Gebärmutterentzündungen und Infekten kann ebenfalls Hufrehe entstehen. Selten gibt es auch eine Hufrehe aufgrund einer Medikamentenunverträglichkeit.

Bei der Hufrehe ist die Durchblutung der Zehe stark gestört. Es entstehen Gewebsödeme und Blutungen innerhalb der Hornkapsel.

Als Folgen der Hufrehe kommt eine Zusammenhangstrennung im Bereich der weißen Linie vor. Hierdurch entstehen die gefährlichen Folgen: Hufbeinsenkung und Hufbeinrotation.

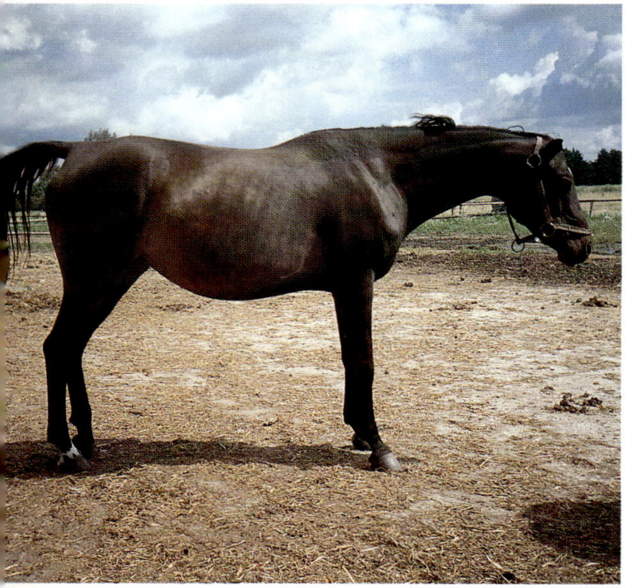

Dieses Pferd hat durch Unterschieben der Hinterbeine sein Gewicht verlagert. Es hat Hufrehe und die Vorderfüße tun ihm weh. Foto: Dr. Ende

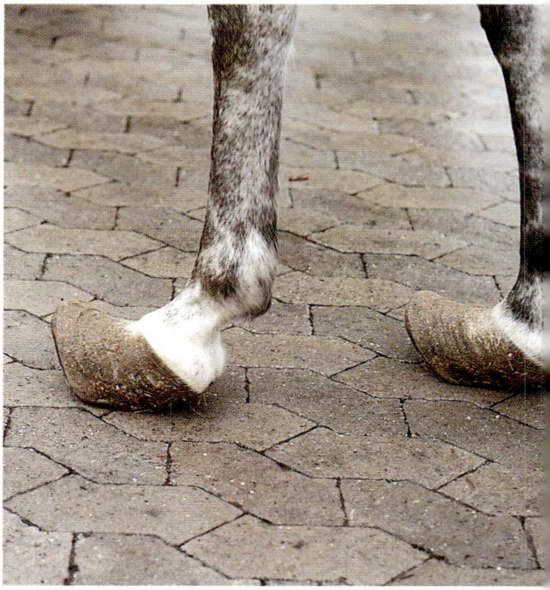

So weit kommt es bei Vernachlässigung – im Gegensatz zum kleinen Muck kann dies Pferd damit keine großen Schritte tun. Foto: Dr. Ende

Im Präparat sieht man Hufbeinrotation und Absenkung sehr deutlich. Foto: Dr. Ende

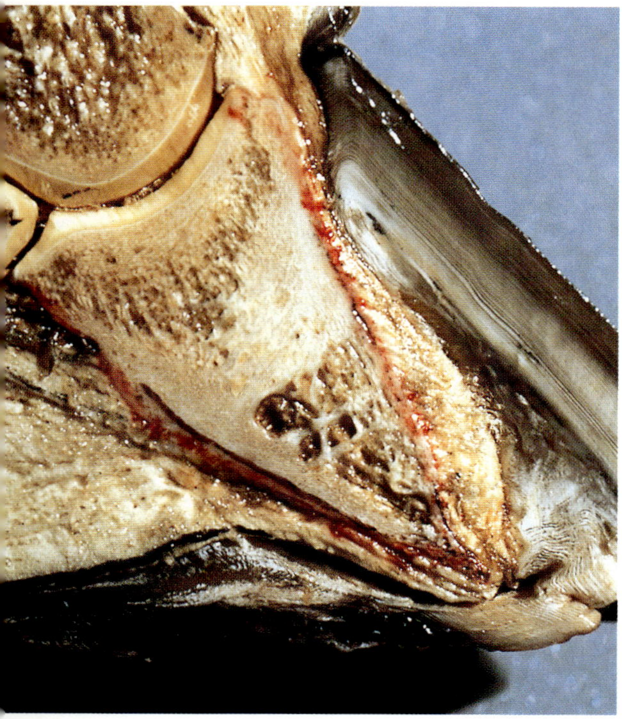

Hufrehe muss immer sofort behandelt werden. Im Verlauf der Erkrankung muss durch Röntgen die Lage des Hufbeins in der Hornkapsel regelmäßig überprüft werden. Tierarzt und Schmied sollen bei einer Hufreheversorgung eng zusammenarbeiten. Beider Fachwissen ist nötig, um die Folgen für das Pferd so gering wie möglich zu halten.

Hufrehe kann bei erheblicher Hufbeinsenkung oder Hufbeinrotation zur dauernden Unbrauchbarkeit, zum Durchbrechen des Hufbeins durch die Sohle und zum Aussschuhen führen.

Nach einer überstandenen Hufrehe behalten die betroffenen Pferde eine Vorschädigung und eine lebenslang hohe Empfindlichkeit für diese Erkrankung. Nur ausreichendes Wissen des Besitzers kann zu guten Vorsorgemaßnahmen für das Pferd führen.

Hornsäule

Die Hornsäule ist eine säulenförmige Verdickung der Hufwand nach innen. Sie kann vom Kronrand bis zum Tragrand reichen. Die Hornsäule kann zu einer Stützbeinlahmheit führen. Durch den Druck der Hornsäule nach innen kann darunter eine Lederhautentzündung entstehen. Der weiter gereichte Druck kann dazu führen, dass sich eine Einkerbung im Hufbein ausbildet (was wiederum Anlass für pathologische Hufbeinfrakturen sein kann). Zum Teil kann man Hornsäulen von außen fühlen. Unter dem Huf stellt man eine Verbreiterung der weißen Linie nach innen fest. Beim Beklopfen klingt der Huf hier hohl. Auf Zangendruck im Bereich der Hornsäule zeigt das Pferd eine Schmerzreaktion.

Hornsäulen mit eitriger Lederhautentzündung darunter sollten operiert werden. In anderen Fällen kann eine Entlastung des Wandabschnittes mit der Hornsäule und ein Dünnraspeln des betroffenen Bereichs Erleichterung bringen. Hornsäulen neigen zu Hartnäckigkeit und dazu wiederzukommen, wenn man meint sie besiegt zu haben.

Vernagelung

Jede Verletzung der Lederhaut durch einen Nagel beim Beschlag wird als Vernagelung bezeichnet. Bei der direkten Vernagelung gelangt der Nagel direkt in lebende Bereiche. In aller Regel bemerkt der Schmied dies beim Aufnageln und kann den Nagel unmittelbar entfernen, die betroffene Stelle desinfizieren und dieses Nagelloch frei lassen. Wird die direkte Vernagelung nicht bemerkt, so entsteht unmittelbar nach dem Beschlag Lahmheit, Wärme des Hufes und Pulsation.

Bei der indirekten Vernagelung sitzt ein Nagel so dicht an der Huflederhaut, dass er in der Belastung zu einer Quetschung führt. Hier tritt drei bis vier Tage nach dem Beschlag Lahmheit auf. Beim Abdrücken mit der Hufzange über den einzelnen Nägeln zeigt das Pferd Schmerz bei dem betroffenen Nagel.

Der verantwortliche Nagel wird entfernt. Je nach Eindringort des Nagels und Zeitpunkt der Entfernung kann der entfernte Nagel mit Blut oder schmieriger Flüssigkeit bedeckt sein. Die Behandlung entspricht der Behandlung einer Huflederhautentzündung. Überprüfen Sie den Tetanusimpfschutz.

Es ist in einigen Fällen natürlich der Schmied schuld. Wo gearbeitet wird, passieren Fehler, und dafür ist der Schmied auch haftpflichtversichert. Auch wenn Sie gerade wütend sind, seien Sie vorsichtig, was Sie sagen. Ihr Schmied hat nach Jahren guter Arbeit einmal einen Fehler gemacht – er ist deshalb kein schlechter Schmied!

Oft ist an einer Vernagelung auch weniger der Schmied schuld. Zum Beispiel, wenn Sie ihm Pferde mit verschlammten oder stark ausgebrochenen Füßen auf unebenem Boden und bei schlechter Beleuchtung zum Beschlag vorstellen. Oder wenn Ihr Pferd nicht schmiedefromm ist, oder nur mit Nasenbremse oder Sedation beschlagen werden kann. Wichtig ist ja nur, dass es dem Pferd bald wieder besser geht. Streit und böses Blut nutzen ihm nichts.

Nageltritt

Die alte Bezeichnung benutzt man heute für alle Verletzungen, die durch Eintreten harter, spitzer oder scharfer Gegenstände in Sohle oder Strahl entstehen. Infolge des Eindringens eines Fremdkörpers entstehen Infektionen mit Fäulniskeimen und Bakterien. Wichtig ist das frühzeitige Erkennen, denn je länger ein Fremdkörper im Huf steckt, umso schlechter sind die Folgen zu behandeln. Halt. Sie sollen nicht gleich daran ziehen. Es ist wichtig festzustellen, in welcher Richtung und wie tief der Fremdkörper eingedrungen ist. Dazu kann es sinnvoll sein, den Huf mit dem Fremdkörper zu röntgen oder den Fremdkörper erst nach Besichtigung durch einen Tierarzt und in dessen Anwesenheit zu ziehen. Der Kanal, den der Fremdkörper durch sein Eindringen geschaffen hat, muss tief nachgeschnitten werden. Das ist schwierig, wenn für den Tierarzt Eindringort, Richtung und Tiefe nicht mehr zu erkennen sind. Zudem besteht die Gefahr, dass der Fremdkörper beim Ziehen abbricht.

Durch eingetretene Fremdkörper können innerhalb der Hornkapsel liegende wichtige Strukturen verletzt sein (Hufrollenschleimbeutel, Hufgelenk, Hufbein, Strahlbein, Beugesehne). In diesen Fällen muss das Pferd operiert werden.

Ach ja, überprüfen Sie den Tetanusimpfschutz.

Hufrolle

Die Hufrollenerkrankung beschreibt eine chronische, degenerative und fortschreitende Erkrankung der Strukturen der Hufrolle (siehe Anatomie). Es können alle drei Bestandteile der Hufrolle (Strahlbein, Hufrollenschleimbeutel, Beugesehne) betroffen sein. In aller Regel erkranken beide Vorderbeine gleichzeitig, aber unterschiedlich stark. Dadurch besteht zu Beginn keine Lahmheit. Es ist eine Bewegungsstörung zu beobachten, die Pferde gehen kurz, klamm, stumpf oder flach. So wie sie laufen könnte man auch an Schulterlahmheit denken. Die Hufrollenerkrankung kommt vor allem an den Vorderbeinen vor, beim Traber auch mal an den Hinterbeinen. Springpferde und Quarter sind häufig betroffen.

Die Ursachen der Erkrankung sind nicht abschließend erklärt. Es gibt auch ungerittene, niemals beschlagene Pferde mit dieser Erkrankung. Die Veranlagung zu Hufrollenerkrankung scheint erblich zu sein. Begünstigt wird die Erkrankung durch schlechte Aufzucht, zu frühe Belastung, unangemessene Belastung, unzureichende Ernährung, schlechte Haltung und fehlerhaften Beschlag.

Pferde mit Erkrankungen der Hufrolle reagieren oft deutlich auf die Brettprobe oder die Keilprobe. Zeigen sie Lahmheit auf dem stärker betroffenen Bein, so kommt es in der Lahmheitsuntersuchung zu einer typischen Erscheinung: Nach der Anästhesie springt die Lahmheit um. Ist das krankere Bein nämlich schmerzfrei gespritzt, bemerkt das Pferd umso deutlicher, dass der andere Fuß auch schmerzt.

Zur Diagnose sind nach dem Verdacht immer Röntgenbilder notwendig. Im Verlauf der Erkrankung kommt es zu Knochenauflösungserscheinungen am Strahlbein. Es wird nach Oxspring auf einem Keil oder tangential geröntgt, um das Strahlbein darstellen zu können. Der Huf soll dazu am besten unbeschlagen und gut ausgeschnitten sein. Natürlich gibt es zur Auswertung der Röntgenbilder wieder ein Schema, das dem Tierarzt hilft, die Schwere der Erkrankung einzuordnen.

Die Therapie der Hufrollenerkrankung kann keine Heilung der Strukturen bewirken. Angestrebt wird mit aller tierärztlichen Kunst lediglich eine funktionelle Wiederherstellung, und man versucht das Fortschreiten der Erkrankung aufzuhalten.

Dies kann durch orthopädische Maßnahmen, gezielte Bewegungstherapie und Medikamente gelingen.

Die orthopädischen Maßnahmen erfordern einen guten Schmied, der auch oft genug von Ihnen beschäftigt werden muss. Alle vier bis acht Wochen muss eine deutliche Zehenrichtung geschaffen werden, um das Abrollen zu erleichtern. Dazu kann die tiefe Beugesehne durch einen Beschlag entlastet werden. Im Einzelfall entscheidet sich der Schmied gemeinsam mit dem Tierarzt für geschlossene Eisen, Einbauen eines Stegs, Einlagen, Keile, umgekehrtes Aufnageln eines normalen Eisens oder Eiereisen.

Die gezielte Bewegungstherapie besteht vor allem in regelmäßiger Schrittarbeit geradeaus. Fragen Sie Ihren Tierarzt, vielleicht macht er Ihnen einen Therapieplan.

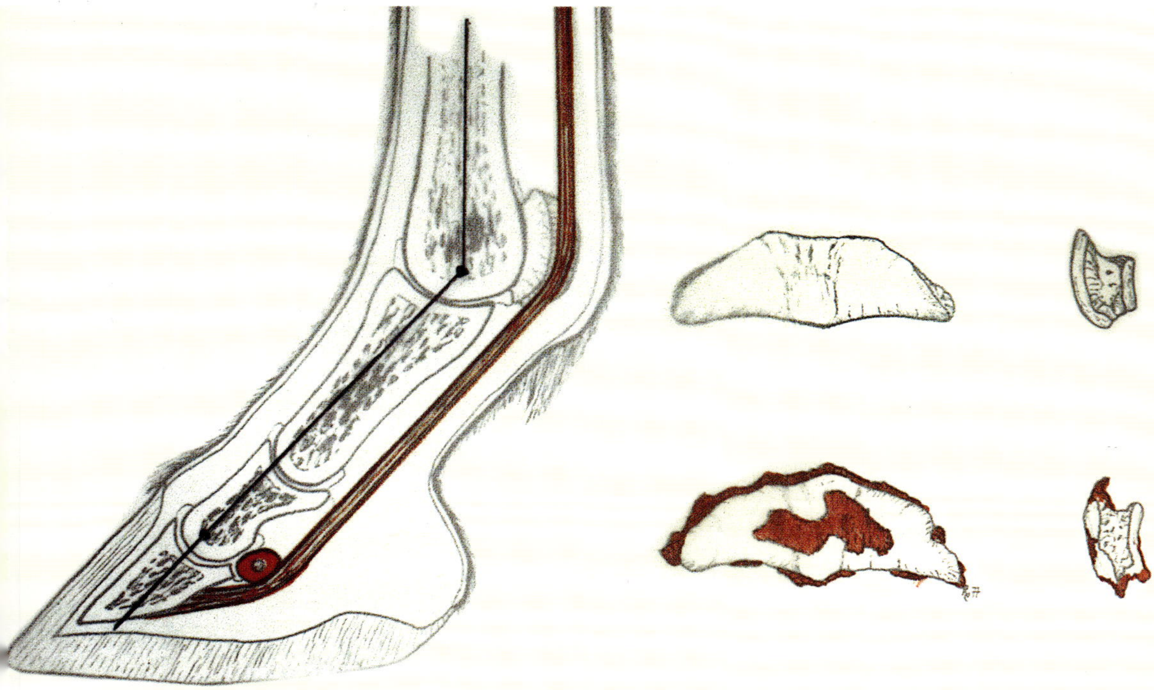

Sie sehen die Belastung des Strahlbeins und dessen Veränderungen bei der gefürchteten Hufrollenerkrankung.

Medikamente zielen auf die ausreichende Versorgung mit gelenkwirksamen Substanzen und Medikamenten, die die Durchblutung fördern.

Eine örtliche Durchblutungsförderung kann auch durch eine Operation erreicht werden.

In einigen Fällen schwerer Erkrankung kann zum Nervenschnitt geraten werden. Hierbei wird der zur Zehe führende Nerv durchtrennt und so in der Zehe entstehender Schmerz nicht mehr wahrgenommen. An der Erkrankung ändert das nichts, nur an den Schmerzen für das Pferd. Früher war diese Methode häufiger genutzt, um die Einsatzfähigkeit der Pferde zu erhalten. Heute sollen Pferde mit einer Nervenschnitt-Operation nicht mehr im Turniersport eingesetzt werden, sodass es sich für den Sport nicht lohnt.

Nach einem Nervenschnitt können die Pferde in aller Regel noch zwei bis drei Jahre schmerzfrei herumlaufen. Zu bedenken ist aber, dass die Erkrankung trotzdem da ist und fortschreitet. Das Strahlbein muss regelmäßig geröntgt werden, da man sonst den Erkrankungsverlauf nicht mehr beurteilen kann (das Pferd schont nicht, weil es ja nichts merkt). Ob man durch eine Entscheidung für den Nervenschnitt dem Pferd oder nur sich selbst einen Gefallen tut, muss gut abgewogen werden. Der Nervenschnitt ist auch eine Belastung und eine Behinderung für das Pferd und schiebt die andere Entscheidung nur hinaus.

Strahlbeinfraktur

Es kommen leider beim Pferd auch Frakturen des Strahlbeins vor. Sie können nach einem erheblichen Trauma als gedeckte Frakturen oder nach Nageltritten oder Ähnlichem als offene Frakturen vorkommen. Gedeckte Frakturen kommen auch als sogenannte pathologische Frakturen an bereits stark zerstörten Strahlbeinen zum Beispiel bei der Hufrollenerkrankung vor. Die Pferde sind hochgradig lahm und bei der Zangenprobe über beide Trachten sehr schmerzempfindlich. Die Sicherung der Diagnose geschieht nur mit einem Röntgenbild. Offene Frakturen sind immer infiziert und heilen nicht. Gedeckte Frakturen können sofort meist chirurgisch versorgt werden. Bei älteren Frakturen bringt die Operation nichts mehr. In Folge von Strahlbeinfrakturen entstehen oft Arthrosen des Hufgelenks. Eine Lahmfreiheit nach einer Strahlbeinfraktur kann auch bei sofortiger Versorgung nicht sichergestellt werden.

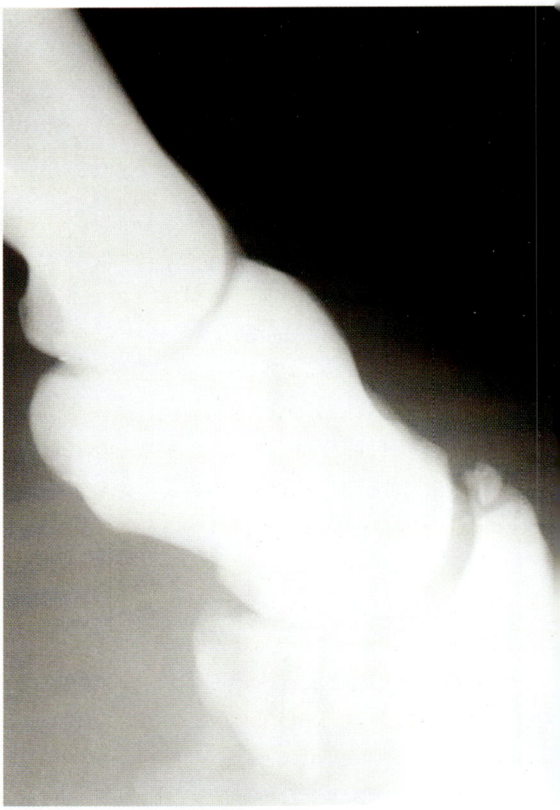

Im Röntgenbild sieht man den Abriss des kleinen Fortsatzes vom Hufbein. Foto: Dr. Ende

Hufbeinfraktur

Diese seltene Fraktur kann vor allem an den Vorderbeinen auftreten. Solche Knochenbrüche sind immer die Folge von erheblichen Traumen. Vorgeschädigte Hufbeine und solche von Pferden mit einem Nervenschnitt brechen leichter als gesunde Hufbeine. Häufig bricht das Hufbein ziemlich genau in der Mitte (Sagittalfraktur), dann ist das Hufgelenk immer mit beteiligt. Es können auch die Hufbeinäste brechen, oder der kleine Höcker, an dem die Strecksehne ansetzt, kann abreißen.

Betroffene Pferde sind sofort hochgradig lahm. In aller Regel setzt das Pferd den Huf gar nicht oder nur mit der Spitze ab. Die Pulsation ist deutlich und im gesamten Hufbereich reagiert das Pferd auf ein Abdrücken mit der Hufzange sehr schmerzhaft. Die endgültige Diagnose erhält man durch sofortige Anfertigung von Röntgenbildern.

Ist die Fraktur offen und somit infiziert, ist eine Heilung aussichtslos. Geschlossene Frakturen mit Gelenkbeteiligung heilen besser, wenn frühzeitig operiert wird. Frakturen ohne Gelenkbeteiligung heilen bei mehrmonatiger Boxenruhe von alleine. In jedem Fall sollte während der Heilung durch orthopädische Maßnahmen der Hufmechanismus ausgeschaltet werden.

Hufknorpelverknöcherung

Die allmähliche Umwandlung des dem Hufbeinast aufsitzenden Knorpels in Knochen bezeichnet man als Hufknorpelverknöcherung. Sie entsteht durch wiederholte stärkere Belastung der Bänder der Hufknorpel. An den Ansatzstellen dieser Bänder entstehen kleine Entzündungen (Insertionsdesmopathien). Wie an vielen Stellen reagiert der Körper auf die vermehrte Belastung durch Verstärken der Gewebe. Vorher knorpelige Strukturen verknöchern. Dadurch wird der ganze Apparat natürlich zunehmend weniger elastisch. Der Hufmechanismus ist eingeschränkt, und die Durchblutung der gesamten Zehe leidet. Es ist immer ein schleichender Prozess. Zu Beginn gehen betroffene Pferde nicht lahm. Die Elastizitätseinschränkung ist aber beim Ertasten der Hufknorpel fühlbar. Mit der Zeit kommt es durch die Hufknorpelverknöcherung zu einer Erhöhung der Trachten, einem vermehrten Abnutzen der Eisen und eventuell zu Steingallen im Eckstrebenbereich. Im weiteren Verlauf gehen die Pferde zuerst nur auf hartem, später auch auf weichem Boden stumpf oder lahm. Die Lahmheit bessert sich in der Bewegung. Bei lange gewachsener Hufknorpelverknöcherung können Knochenspangen entstehen, die bis über das Krongelenk nach oben reichen und auch hier zu einer Bewegungseinschränkung und Arthose führen. Die Hufform kann sich zum Trachtenzwanghuf verändern. Zur Diagnose sind Röntgenbilder nötig. Die Erkrankung kann nicht behoben werden. Orthopädische Beschläge und ein durchdachtes Bewegungsprogramm können sehr nützlich sein, da so dem Fortschreiten der Verknöcherung Einhalt geboten werden kann.

Hufknorpelfistel

Wenn im Bereich der Krone aus einer tiefen Wunde Eiter herausdringt, so kann eine Hufknorpelfistel der Grund sein. Bei der Hufknorpelfistel ist ein Teil des Hufknorpels infolge einer eingedrungenen Infektion abgestorben. Das abgestorbene Gewebe löst sich auf und sucht sich einen Weg aus dem Körper. Sie sehen nur eine oder mehrere Fistelöffnungen, aus denen sich zeitweise Eiter und grünlich verfärbte Knorpelstücke herausdrücken. Ist die Fistel bereits offen, besteht meist keine Lahmheit. Bevor die Fistel durchbricht, können die Pferde einige Tage lahm sein und Symptome ähnlich denen einer Hufiederhautentzündung zeigen.

Die Infektion der Hufknorpel ist eine Folge von Verletzungen der Krone, durchdringenden Hornspalten oder Nageltritten. Hufknorpelfisteln sollten immer frühzeitig operiert werden. Es könnte nach mehreren Monaten auch zu einer Selbstheilung kommen, die Gefahr, dass die Infektion in dieser Zeit auf das Hufgelenk übergreift, ist aber zu groß. Zudem kommt es zu Umformungen am Huf, wenn ein Pferd längerfristig mit so einer Hufknorpelfistel herumläuft.

Zwanghuf

Zur Zwanghufbildung kann es kommen, wenn bestimmte Abschnitte der Hornkapsel sich allmählich verengen. Je nachdem welche Abschnitte das sind unterscheidet man Kronzwanghuf und Trachtenzwanghuf. Zwanghufe entstehen aufgrund erblicher Veranlagerung, schlechter Hufpflege, fehlerhaften Beschlags und bei nicht ausreichender Bewegung. Zwanghufe können auch die Folge von anderen Erkrankungen sein. Zum Beispiel entsteht der Trachtenzwanghuf auch als Folge einer Hufknorpelverknöcherung. Die Hufknorpelverknöcherung kann auch Folge der Zwanghufbildung sein, sodass man, wenn beides vorhanden ist, nicht mehr sicher sagen kann, womit es angefangen hat.

Pferde, die Zwanghufe haben, fußen verzögert und vorsichtig. Der Raumgriff der Bewegung geht verloren. Allmählich entwickelt sich eine Lahmheit, die auf hartem Boden stärker auftritt als in weichem. Die weitere Verengung zu verhindern oder sogar eine Weitung zu schaffen ist schwierig und zeitintensiv. Nach dem Abstellen der Ursachen benötigt Ihr Pferd einen guten Schmied, der in der Lage ist, langfristig durch orthopädische Maßnahmen zur Korrektur beizutragen. Ideal ist es, wenn Sie dem Pferd möglichst viel Bewegung bevorzugt auf feuchten Wiesen bieten können.

Hufgelenksentzündung

Man unterscheidet eine infektiöse und eine nicht infizierte Hufgelenksentzündung. Da das Hufgelenk nahezu vollständig in der Hornkapsel liegt, ist es nicht so leicht zu verletzen wie andere Gelenke. Es ist aber auch für uns nicht so gut zu sehen und zu tasten.

Infektiöse Hufgelenksentzündung

Durch eine bis ins Hufgelenk reichende Verletzung oder durch aus angrenzenden Geweben übergreifende Infektionen kann das Hufgelenk infiziert werden. Bakterien dringen in das Hufgelenk ein. Die Pferde zeigen eine mittelgradige Lahmheit und eine deutlich verstärkte Pulsation. Am Kronrand entsteht eine Phlegmone. Unbehandelt zeigen sich innerhalb kürzester Zeit Allgemeinsymptome wie Fieber, Abgeschlagenheit und Appetitlosigkeit. Das Pferd muss sofort intensiv tierärztlich versorgt werden. Das Hufgelenk wird gespült und mit Antibiotika versorgt. Das ganze Pferd erhält hoch dosiert Antibiotika und Schmerzmittel. Wird die Therapie rechtzeitig begonnen, kann eine Heilung errreicht werden. Das Zurückbleiben von Arthrosen ist aber keine Seltenheit.

Nicht infizierte Hufgelenksentzündung

Nach Verstauchungen und Verdrehungen kann eine Hufgelenksentzündung entstehen. Die Pferde sind unmittelbar nach dem Trauma lahm. Die Pulsation ist verstärkt. Auf Beugung, Streckung und Rotation reagiert das Pferd schmerzhaft. Manchmal ist am vorderen Kronrand neben der Strecksehne eine vermehrte Füllung des Hufgelenkes ertastbar. Die Heilung gelingt unter Medikamenten durch Ruhigstellung des Pferdes. Am besten bringt man es in einer Box mit tiefer, weicher Einstreu unter.

Im Einzelfall kann es sinnvoll sein, Verbände anzulegen und das Pferd stoßbrechend beschlagen zu lassen.

Hufgelenksarthrose und Hufgelenksschale

Infolge von Hufgelenksentzündungen, Hufrollenerkrankungen und durch Verschleiß können sich arthrotische Veränderungen im Hufgelenk bilden. Die Erkrankung ist immer chronisch. Aufgrund diverser kleiner Traumen entstehen Knorpelschäden und Entzündungen an den Bandansatzstellen. Die Lahmheit entsteht schleichend. Die passive Bewegung des Hufgelenkes kann in der Untersuchung eingeschränkt oder schmerzhaft sein. Bei der Beurteilung der Lahmheit muss darauf geachtet werden, diese Hufgelenkslahmheit nicht mit einer Schulterlahmheit zu verwechseln. Durch den längerfristigen Verlust des Raumgriffs kann es aufgrund einer Hufgelenkslahmheit zu einer Atrophie der Schultermuskulatur kommen. Zur endgültigen Diagnose können Leitungsanästhesien und Röntgenbilder herangezogen werden. Das einzige erreichbare Therapieziel ist es, den Prozess aufzuhalten. Dies kann gelingen durch Injektionen von (teuren) Gelenkschmiere-Ersatzpräparaten, Beschlag mit stoßbrechender Einlage und deutlicher Zehenrichtung, Zufütterung von gelenkwirksamen Substanzen und ausreichender angepasster Bewegung. Bei deutlicher Lahmheit kann kurzfristig mit entzündungshemmenden und schmerzstillenden Medikamenten behandelt werden. Die Schmerzweiterleitung kann auch durch einen Nervenschnitt ausgeschaltet werden.

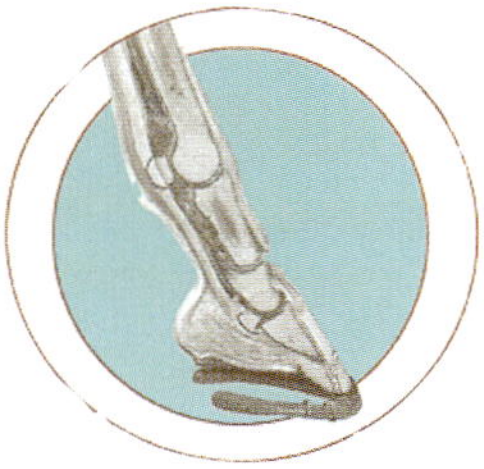

Lahmheiten aus dem Bereich der Krone

Diese kleine Verletzung kann folgenschwer sein, weil sie das Saumband mit betrifft. Foto: Dr. Ende

So kann es aussehen, wenn schließlich nur noch Narbenhorn gebildet wird. Foto: Dr. Ende

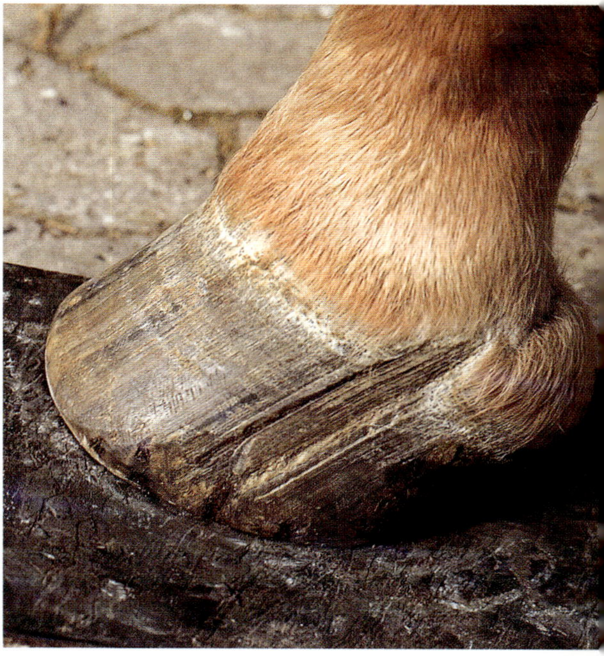

Kronentritt

Unter diesem Begriff werden alle Verletzungen der Krone zusammengefasst. Dies sind tatsächliche Trittverletzungen, Quetschungen, Risse, Stichwunden und Brandwunden. Das Ausmaß der mit der Verletzung einhergehenden Lahmheit hängt von Ort und Tiefe der Verletzung ab. Komplikationen bei der Wundheilung sind in diesem Bereich immer möglich. Vor allem ist auf eine Verletzung des Saumbandes und der hornbildenden Strukturen zu achten. Nachdem eine Verletzung tieferer Strukturen ausgeschlossen wurde, gelingt die Heilung am besten unter feuchten Verbänden, die mit leichtem Druck angelegt werden. In einigen Fällen ist die Gabe von Antibiotika erforderlich. Überprüfen Sie den Tetanusschutz Ihres Pferdes.

Krongelenksentzündung

Man unterscheidet die infizierte Krongelenksentzündung und die nicht infizierte Krongelenksentzündung.

Infizierte Krongelenksentzündung

Die infizierte Krongelenksentzündung entsteht, wenn durch eine Verletzung das Krongelenk eröffnet wurde oder ein in der Umgebung bestehender entzündlicher Prozess in das Krongelenk einbricht. In der Regel ist in der Verletzung austretende Gelenkflüssigkeit zu erkennen. Betroffene Pferde gehen hochgradig lahm.

Die Spülung des Krongelenkes ist oft erforderlich und nur unter Vollnarkose durchführbar. Im Heilungsverlauf muss frühzeitig mit einer umfassenden Antibiotikabehandlung begonnen werden.

Nicht infizierte Krongelenksentzündung

Nach Verstauchungen und Verdrehungen entsteht eine nicht infizierte Krongelenksentzündung. Die Pferde gehen plötzlich mittel- bis hochgradig lahm. Beugung und Rotation im Krongelenk sind schmerzhaft. Die Pulsation der Mittelhandarterie ist verstärkt. Durch ein Röntgenbild muss abgeklärt werden, ob „mehr" kaputt gegangen ist oder etwa eine Chipfraktur besteht. Ist dies nicht der Fall, gelingt die Abheilung unter Verbänden und entzündungshemmenden Medikamenten. Seien Sie unbedingt geduldig. Bis kleine Risse in Knorpel und Bändern geheilt sind, können acht bis zwölf Wochen vergehen. Belasten Sie das Pferd zu früh erneut, so heilen diese kleinen Verletzungen nicht gut aus und es kann eine Krongelenksarthrose entstehen.

Krongelenksarthrose und Krongelenksschale

Bestehen im Krongelenk längerfristig Chips oder wird nach einer Krongelenksentzündung die erforderliche Heilungszeit nicht eingehalten, so entstehen chronische Entzündungen, wiederholte Überdehnungen und Schäden am Gelenkknorpel. Der Körper verstärkt die geschä-

Um dieses Krongelenk herum sind reichlich Knochenauftreibungen, Zubildungen und arthrotische Veränderungen. So entsteht eine Krongelenksschale. Foto: Dr. Ende

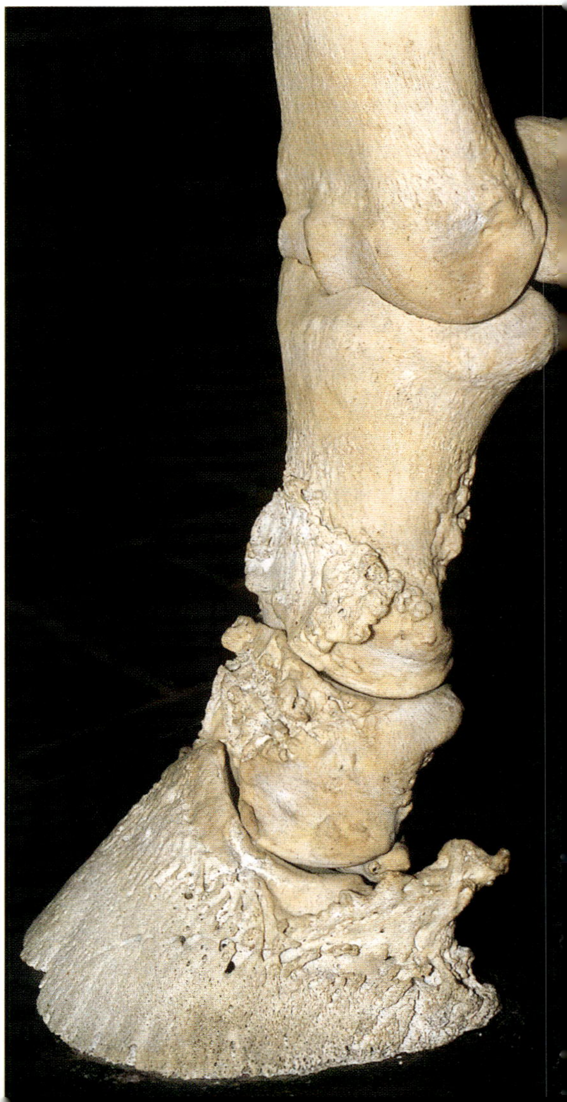

digten Strukturen und es kommt zur Arthrose. Die Veränderungen können so stark sein, dass die Verknöcherung der um das Gelenk liegenden Kapsel und der Bänder zu einer Schalenbildung um das Krongelenk herum führt.

Die Pferde gehen zu Beginn der Erkrankung nicht oder kaum lahm. Nach erneuter Verstauchung ist die Lahmheit hochgradig. Auf dem Röntgenbild lassen sich die knöchernen Zubildungen leicht erkennen. Die mit einer Krongelenksarthrose einhergehende Lahmheit ist eine Stützbeinlahmheit, die auf festem Boden deutlicher ist als auf weichem. Die Pferde laufen sich in aller Regel nicht ein.

Eine Heilung ist nicht möglich. Therapeutisch kann lediglich versucht werden, den Krankheitsprozess aufzuhalten und die Funktion so gut wie möglich zu erhalten. Dies gelingt durch Gelenkschmierepräparate, durch gelenkwirksame Futterzusätze und durch gute Hufzubereitung. Eventuell ist ein stoßbrechender Beschlag sinnvoll.

Durch Kaltbrand oder Nervenschnitt ist eine längerfristige Schmerzausschaltung möglich. Beraten Sie dies im Einzelfall mit Ihrem Tierarzt.

Kronbeinfraktur

Seltener als Frakturen der anderen Zehenknochen kann auch ein Kronbein brechen. Die Pferde sind plötzlich hochgradig lahm. Im Kronbereich ist eine ungewöhnliche Beweglichkeit vorhanden. Jede Bewegung ist schmerzhaft. In der Bewegung sind knirschende Geräusche (Krepitation) zu hören. Sehr schnell schwillt der betroffene Bereich durch einen Bluterguss (Frakturhämatom) erheblich an. Die Diagnose wird durch Röntgenbilder bestätigt. In seltenen Fällen kann es vorkommen, dass Pferde nach der Fraktur noch weiterlaufen. Das kommt vor allem bei Rennpferden unter den während des Rennens ausgeschütteten Glücksbotenstoffen und Stresshormonen vor. Bis diese abgebaut sind und das Pferd die Fraktur bemerkt, können einige Minuten vergehen.

Kronbeinfrakturen sind oft Brüche in viele Teile (Trümmerfraktur), die in beide angrenzenden Gelenke reichen. So etwas ist in aller Regel nicht therapierbar. Eine einfache Fraktur kann verschraubt werden, es ist aber sehr wahrscheinlich, dass im Heilungsverlauf Arthrosen im Hufgelenk und im Krongelenk entstehen und eine dauerhafte Beeinträchtigung nachbleibt.

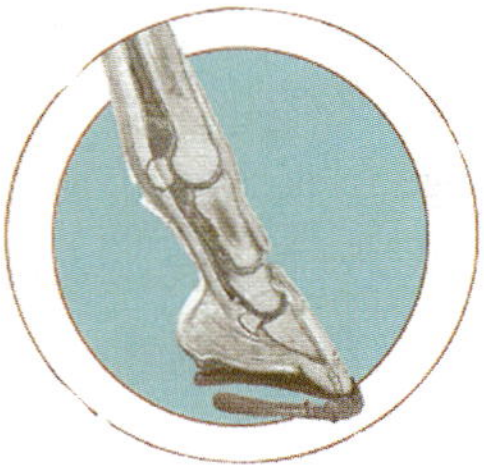

Erkrankungen im Bereich der Fessel

Fesselbeinfrakturen

Brüche des Fesselbeines gehören beim Pferd zu den häufigsten Brüchen. Es können Haarrisse im Knochen sein (Fissuren) oder glatte Brüche. Außerdem gibt es Frakturen, bei denen ein oder mehrere Bandansätze abgesprengt sind, und so genannte Chipfrakturen im Gelenk. Am schlimmsten ist die beide angrenzende Gelenke mit betreffende Trümmerfraktur des Fesselbeins.

Bei all diesen Frakturen tritt die Lahmheit plötzlich auf und ist hochgradig. Das kann auch einfach beim Reiten passieren, ohne dass klar ist, was an dieser durchrittenen Ecke oder diesem Galoppwechsel anders war als sonst. Meist setzen die Pferde gar nicht ab und stellen den Fuß nach vorne heraus.

Sofort oder innerhalb von etwa zwei Stunden nachdem der Bruch entstanden ist, schwillt der Fesselbereich erheblich an. Auch die passive Bewegung ist sehr schmerzhaft. In einigen Fällen sind knirschende Geräusche hörbar oder es kann eine abnorme Beweglichkeit festgestellt werden.

Zur Diagnose müssen immer sofort Röntgenbilder in mindestens zwei Ebenen angefertigt werden. Fesselbeinfissuren können durch beherztes Auftreten zu richtigen Frakturen werden. Schmerzausschaltung und Vortraben zur Untersuchung müssen deshalb vermieden werden. Selten gibt es bei Unfällen oder Schlagverletzungen auch mal offene Frakturen in diesem Bereich.

Fissuren und einige dieser Frakturen können durch Operation behandelt werden. Bei einer Gelenkbeteiligung besteht allerdings die Gefahr, dass hier eine Arthrose entsteht und dadurch schließlich eine Lahmheit zurückbleibt. Die Erfolgsaussichten hängen entscheidend von der Art der Fraktur ab. Sie können erst nach der Beurteilung der Röntgenbilder eingeschätzt werden.

Gleichbeinfrakturen

Denken Sie sich einmal zurück in das Anatomiekapitel. Gleichbeine sind diese kleinen pyramidenförmigen Knochen an der Beugeseite des Fesselgelenkes. Von oben zieht der Fesselträger ganz stark an ihnen, seitlich und unten sind sie mit straffen Bändern befestigt und von hinten werden sie durch die Beugesehnen eng an das Fesselgelenk gepresst. Die haben ganz schön was auszuhalten. Brüche dieser kleinen Knochen können schon beim Fohlen vorkommen. Vor allem erkranken junge Pferde (zwei- bis vierjährig). Galopprennpferde (Frakturen häufiger vorne) und Trabrennpferde (Frakturen häufiger hinten) sind besonders häufig betroffen. Man kann sechs verschiedene Bruchformen unterscheiden. Bei einigen Brüchen sind die Pferde sofort stark lahm, bei anderen machen sie scheinbar unbeeinträchtigt ihre Arbeit fertig und kommen erst am nächsten Tag lahm aus der Box. Brechen beide Gleichbeine in horizontaler Richtung, ist die Funktion des gesamten Fesseltrageapparates aufgehoben und der Fesselkopf kommt beim Auftreten sehr dicht an den Boden. Zur Diagnosestellung sind gerade und schräge Röntgenaufnahmen notwendig. Je nachdem, ob die Gelenkflächen mit betroffen sind und in welcher Richtung der Bruch verläuft, kann mit Erfolg operiert werden.

Fesselgelenksentzündung

Das Fesselgelenk hat weniger Bewegungsachsen als die unteren Zehengelenke und darüberhinaus die starke Winkelung in der Zehenachse. Es ist stark belastet und erkrankt daher häufig. Fehlbelastungen, angeborene Fehlstellungen und falscher Beschlag können die Belastung des Fesselgelenkes noch verstärken und die Gefahr der Verletzung vergrößern. Entzündungen entstehen durch Verdrehungen, Verstauchungen, Vertreten, Ausrutschen, Hängenbleiben und Stürzen. Nicht ausgeheilte oder wiederholte akute Fesselgelenksschäden führen zu chronischen Veränderungen. Bei Eröffnung des Gelenks und eindringenden Keimen entsteht eine infizierte Fesselgelenksentzündung.

Akute nicht infizierte Fesselgelenksentzündung

Die Lahmheit entsteht plötzlich und bei genauer Betrachtung ist eine vermehrte Füllung des Fesselgelenks zu beobachten. Eventuell tritt das Gelenk hinten, neben den Griffelbeinköpfchen, ein bisschen hervor (nicht mit der Beugesehnenscheide verwechseln). Der Fesselkopf wird warm. Auch die passive Bewegung ist schmerzhaft. Zum Ausschluss einer Fraktur müssen eventuell Röntgenbilder angefertigt werden. Die akute Fesselgelenksentzündung heilt durch Ruhe. Die Heilung kann unterstützt werden durch kühlende Umschläge in den ersten Tagen und feuchtwarme Verbände etwa ab dem dritten Tag, außerdem durch die Gabe von Entzündungshemmern und gelenkwirksamen Substanzen. Die Lahmheit verschwindet innerhalb weniger Tage. Bedenken Sie, dass die Abheilung der kleinen Strukturen länger dauert, geben Sie Ihrem Pferd also ausreichend Zeit und steigern Sie die erneute Belastung langsam.

Chronische Fesselgelenksentzündung

Durch andauernde Reizung des Fesselgelenks kann es schließlich zu chronischen Entzündungen kommen. Die Pferde sind in aller Regel nicht lahm, können aber auf starke Belastung mit Lahmheit reagieren. Die Beuge-

Ein Blick in ein Fesselgelenk zeigt deutlich, wie wunderschön und wie leicht zerstörbar der Gelenkknorpel ist. Foto: Dr. Ende

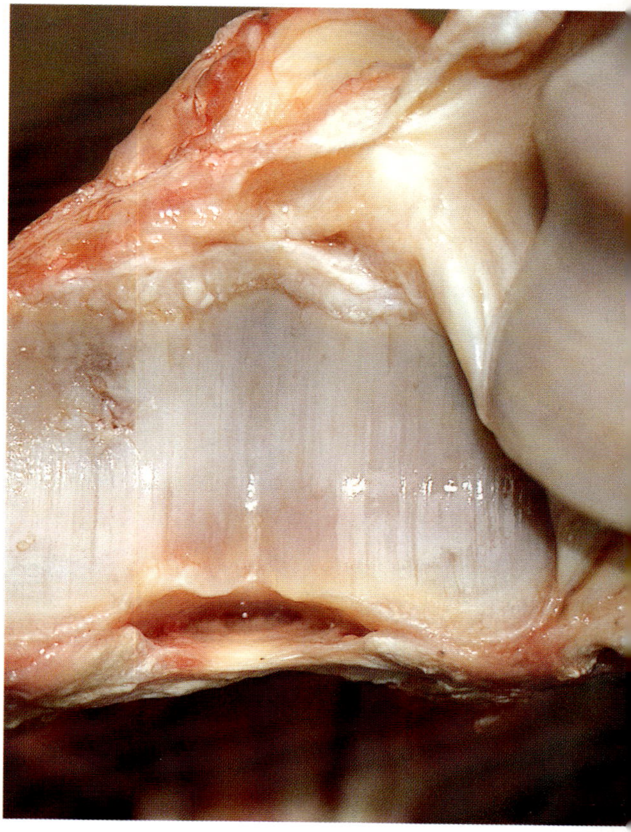

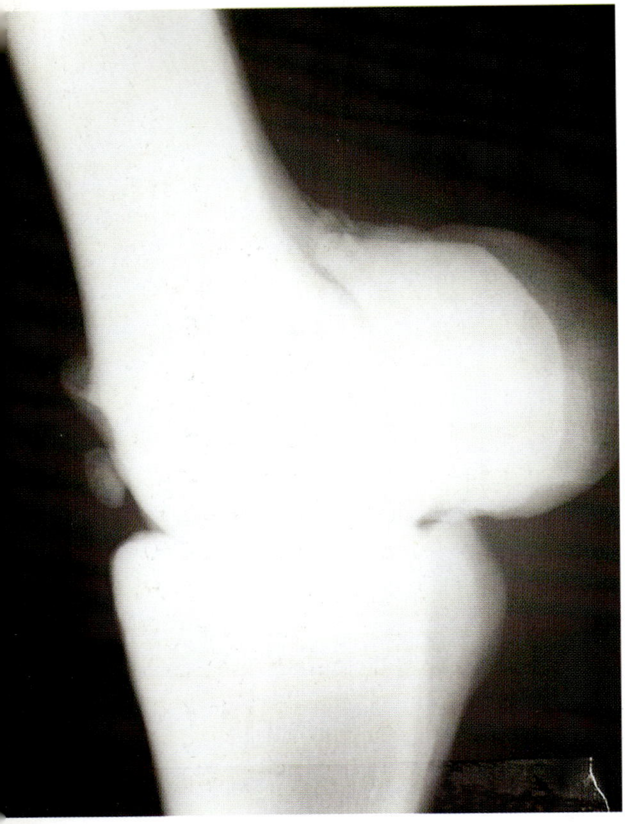

Zu Schädigungen des Gelenkknorpels und des ganzen Gelenkes können solche losen Teilchen im Gelenk führen (Chips). Foto: Dr. Ende

probe ist positiv. Am Fesselgelenk fällt eine vermehrte Füllung auf. Häufig haben die Pferde Gallen. Das sind Ausbuchtungen des Fesselgelenkes, zwischen Fesselträger und Röhrbein, die mit Gelenkflüssigkeit gefüllt sind. Solche Gallen sind ein Anzeichen für die vermehrte Füllung des Gelenkes. Oft bilden sich in den Gelenken auch mehr Falten und Zotten in der inneren Gelenkhaut. Häufig kann man das nicht mehr zufriedenstellend behandeln, sondern muss damit leben. Auf jeden Fall sollen betroffene Pferde angemessen bewegt und regelmäßig und sorgfältig von einem Schmied bearbeitet werden. Eine Erhöhung der Trachten oder das Anbringen orthopädischer Beschläge kann das Fesselgelenk erheblich entlasten. Besprechen Sie mit Ihrem Tierarzt, ob besondere Pflege der Gallen durch Einreibungen erforderlich ist oder ob Einbandagieren helfen kann.

Infizierte Fesselgelenksentzündung

Bei einer Eröffnung des Fesselgelenks etwa durch eine Stichverletzung können Bakterien in das Gelenk eindringen. Ist eine Verletzung des Gelenks möglich, oder sind Sie aufgrund austretender Gelenkflüssigkeit sicher, dass das Gelenk betroffen ist, holen Sie sofort tierärztliche Hilfe. Das ist ein Notfall. Die Wahrscheinlichkeit einer Heilung nimmt ab, je später die Behandlung begonnen wird. Versuchen Sie nicht Wunden im Gelenkbereich zu spülen oder zu sondieren (wie tief ist das wohl?), Sie laufen sonst Gefahr noch mehr Schmutz in das Gelenk zu bringen. Bei einer infizierten Fesselgelenksentzündung erhält das Pferd über mindestens eine Woche hoch dosierte Antibiotika. Meist ist es auch erforderlich das Gelenk zu spülen und direkt vor Ort Antibiotika anzuwenden. Die Heilungsaussichten sind umso besser, je eher die Behandlung begonnen wird.

Arthrose des Fesselgelenks

Aufgrund wiederholter Fesselgelenksentzündungen kann als chonisch deformierender Prozess eine Fesselgelenksarthrose entstehen. An den Ansatzstellen der Gelenkkapsel und an Bandansatzstellen wird Knochen zugebildet. Es entstehen kleine Knochenhautentzündungen, Knochenzubildungen und Strukturveränderungen des Knochens. Der Spalt zwischen den Gelenkflächen kann kleiner werden. Die Diagnose wird durch Röntgenbilder unterstützt. Dieser Krankheitsprozess kann anatomisch betrachtet nicht geheilt werden. Die

Veränderungen gehen nicht zurück. Eine Therapie zielt ausschließlich darauf, das Fortschreiten der Erkrankung aufzuhalten oder wenigstens zu verlangsamen und die Funktion wieder herzustellen und so lange wie möglich zu erhalten. Hierfür ist die (individuell) ideale Stellung und die angemessene Nutzung von großer Bedeutung. Regelmäßige ausreichende Bewegung hilft, die Beweglichkeit lange zu erhalten (eventuell in einen Offenstall?). Das Beifüttern gelenkwirksamer Substanzen kann das Therapieziel gut unterstützen. Bei akut schmerzhaften Schüben kann mit Ruhephasen unter Entzündungshemmern über wenige Tage Erfolg erreicht werden. Ob feuchtwarme Umschläge, Bandagieren oder Einreibungen in Ihrem speziellen Fall etwas bringen, besprechen Sie mit Ihrem Tierarzt.

Gleichbeinerkrankungen

Alle chronischen Erkrankugen der Gleichbeine werden hier zusammengefasst. Es gibt örtlich begrenzte Knochenauflösungserscheinungen und verschiedene Veränderungen, die arthroseähnlich sind. Häufig sind auch der Fesselträger und die tiefe Beugesehne oder die gemeinsame Sehnenscheide mit betroffen. Die Gleichbeinlahmheit kommt immer schleichend und ist in aller Regel chronisch und fortschreitend. Zunächst gehen die Pferde immer mal kürzer, schließlich stützbeinlahm. Die Lahmheit verstärkt sich auf hartem Boden und kann nach Ruhephasen ganz verschwinden. Einige der betroffenen Pferde neigen zum Stolpern. Die Gleichbeinerkrankung tritt meist auf beiden Vorderbeinen auf. In Ruhe kann das Pferd das stärker betroffene Bein entlasten, indem es dies nach vorne herausstellt und nur die Vorderwand belastet. Die passive Beugung und Streckung im Fesselgelenk ist schmerzhaft. Beim Abtasten können Veränderungen an den Fesselträgerschenkeln auffällig sein. Die Keilprobe ist positiv. Der Sitz der Lahmheit kann

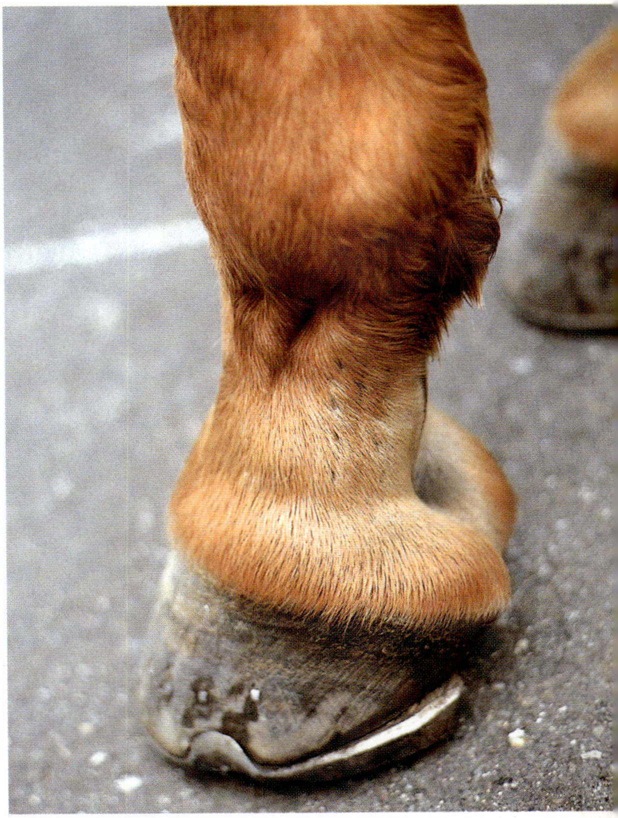

Solche Narben im Bereich der Fessel entstehen zum Beispiel nach einem Nervenschnitt.
Foto: Dr. Ende

durch eine Leitungsanästhesie bestätigt werden. In der Röntgenuntersuchung (mehrere Aufnahmen, mindestens in drei verschiedenen Ebenen) findet man an den Gleichbeinen erweiterte Gefäßkanäle, Strukturveränderungen des Knochens, Zysten oder Knochenauflösungserscheinungen. Es können auch kleine Knochenauswüchse entstehen und Verknöcherungen einzelner Gleichbeinbänder.

Die Gleichbeinlahmheit ist nicht heilbar. Es kann eine Verbesserung erreicht werden und eine funktionelle Wiederherstellung. Allerdings kommt die Erkrankung leicht wieder. Die Behandlung besteht in einer Ruhepause mit anschließendem mehrwöchigem Weidegang. Die Behandlung kann durch Entzündungshemmer, knochenaufbauende Futterzusätze und feuchtwarme Verbände oder Einreibungen unterstützt werden. Es ist auch eine Operation möglich, die eine verbesserte Durchblutung dieses Bereichs zur Folge hat.

Wichtig ist immer die regelmäßige und korrekte Hufzubereitung. Ein orthopädischer Beschlag mit deutlicher Zehenrichtung und einer Unterstützung der Trachten kann das Gangbild entscheidend verbessern und die Heilung unterstützen.

Es ist auch möglich ein betroffenes Pferd durch einen Nervenschnitt schmerzfrei zu bekommen. Hier wäre ein hoher Nervenschnitt erforderlich. Bitte bedenken Sie auch die Nachteile einer solchen Maßnahme (siehe auch unter Nervenschnitt, Seite 88).

Leist

Der Begriff Leist beschreibt eine chronische und knochenzubildende Entzündung der Knochenhaut. Sie kommt an den Seiten- und Hinterflächen des Fesselbeins vor. Diese Entzündung geht von den verschiedenen Bandansatzstellen aus. Durch regelmäßige Überdehnung dieser Bereiche wird der Körper angeregt, diese Strukturen durch Verknöcherung zu verstärken. Nur fortgeschrittene Erkrankungen führen zu Lahmheit oder einem besonders auf festem Boden zu beobachtenden steifen Gang. Veränderungen an der Fesselbeinkontur lassen sich ertasten und im Röntgenbild darstellen.

Die Therapie zielt darauf, einen Stillstand zu erreichen. Das kann gelingen mit entzündungshemmenden Medikamenten, stoßbrechendem Beschlag und feuchtwarmen Umschlägen.

Fesselringbandsyndrom

Noch mal kurz gedanklich zurück zur Anatomie: Das Fesselringband läuft mit seinem Faserverlauf quer zur Gliedmaßenachse. Es fixiert die Beugesehnen. Dieses Band kann sich primär verkürzen oder sekundär nach einer Umfangsvermehrung der Beugesehnen oder der Beugesehnenscheide zu einer Einschnürung führen. Diese Einschnürung ist seitlich gut erkennbar und auch tastbar. Der hintere Fesselgelenksbereich sieht dabei etwa wie eine Sanduhr aus. Durch die Einschnürung kommt es zu Bewegungseinschränkung, Druckschäden an den Geweben, Stauungen der Sehnenscheidenflüssigkeit, Entzündungen und Funktionseinschränkungen der Sehnen. Durch die Entzündungen schwillt die Beugesehnenscheide weiter an und der Druck wird stärker. Es entsteht eine hartnäckige und chronische Lahmheit, die in der Bewegung schlimmer wird.

Zur Abklärung der Diagnose ist eine Ultraschalluntersuchung des Fesselringbandes und der Beugesehnen wertvoll. Man kann das Ausmaß des Schadens beurteilen und die Strukturveränderungen am Fesselringband.

Im Anfangsstadium kann durch Friktionsmassagen und einen trachtenerhöhenden Beschlag ein Fortschreiten der Erkrankung verhindert werden. Bei vorhandener erheblicher Striktur und deutlichen Veränderungen der Struktur des Fesselringbandes nützt nur eine Operation. In dieser Operation wird das Fesselringband durchtrennt.

Mauke

Die Mauke ist eine akute und schnell chronisch werdende ekzemartige Hauterkrankung in der Fesselbeuge. Sie kann auch im Anfangsstadium oder in einem fast abgeheilten Stadium so schmerzhaft sein, dass die Pferde lahm gehen. Unbehandelte Mauke wird sehr schnell zu einem ernsthaften Problem. Je nachdem wie weit die

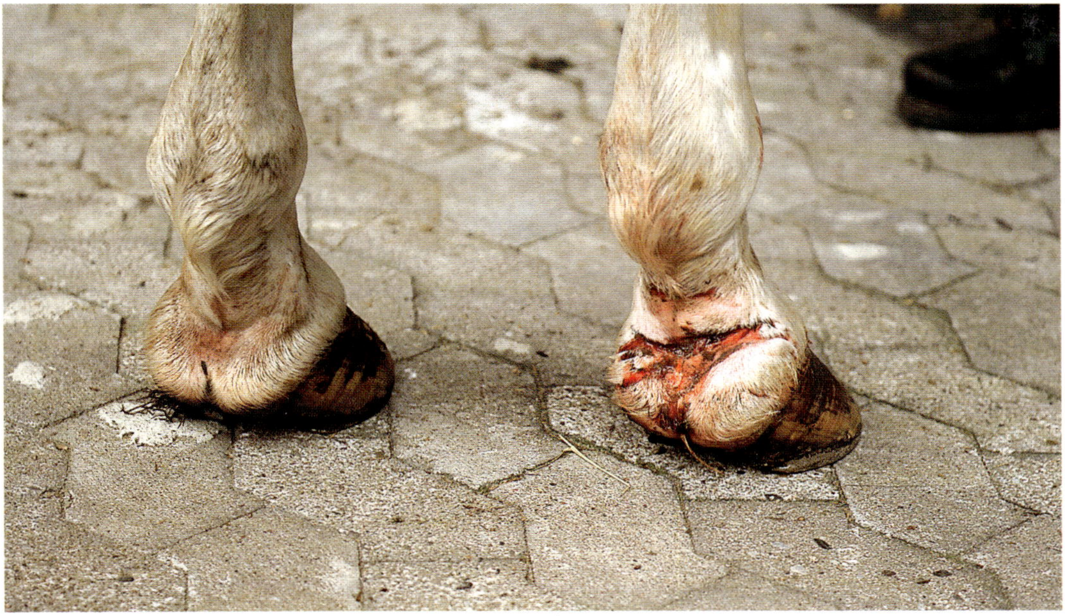

Verletzungen in der Fesselbeuge heilen schlecht.
Foto: Dr. Ende

Mauke fortgeschritten ist muss unterschiedlich behandelt werden. Besteht deutlicher Juckreiz (die Pferde stampfen oft mit den Hinterbeinen auf oder schubbern die Beine abwechselnd aneinander oder an liebgewonnenen Einrichtungsgegenständen), müssen Sie an Chorioptesmilben als Auslöser denken. In diesen Fällen zieht die Erkrankung meist am Röhrbein hoch bis zum Sprunggelenk. Hier muss milbenwirksam behandelt werden!

Die leichte Mauke wird mit sauberem Untergrund und Salben besser. Fortgeschrittene Mauke kann mit grüner Seife gewaschen und mit einer mild desinfizierenden Lösung gespült werden. Hier kommen andere Salben zum Einsatz, die in hartnäckigen Fällen auch unter Verband angewandt werden müssen. Mauke, die schon zu Hautverdickungen oder Wucherungen geführt hat, ist nicht mehr vollständig heilbar. Es bleibt immer veränderte und anfällige Haut zurück. Erhebliche Wucherungen nach unbehandelter Mauke müssen wegoperiert werden. Die anschließende Heilung dauert in der Regel mehrere Monate.

Bei einigen Fällen von Mauke ist es erforderlich, die Pferde mit Antibiotika zu behandeln. In allen Fällen ist es erforderlich, die Fütterung zu überprüfen und die Pferde sauber unterzubringen. Das heißt nicht, dass sie nicht raus dürfen. Schlecht ist es, wenn die Pferde in feuchtem Mist stehen oder in einem jauchigen Paddock. Schlecht ist auch, sie jeden Tag beim Reinholen abzuspritzen und feucht wegzustellen. Sand und Erde können nach dem Abtrocknen ausgebürstet werden. Fetthaltige Salben sollen nur aufgetragen werden, wenn die Haut nicht mehr nass ist. Bewegung verbessert die Durchblutung und kann die Heilung unterstützen. Natürlich sollen lahme Pferde oder solche, bei denen die Wunden in der Fesselbeuge immer wieder aufplatzen, nicht gegen ihren Willen zur Bewegung gezwungen werden. Bestrahlungen mit dem Softlaser können die Heilung verbessern und beschleunigen.

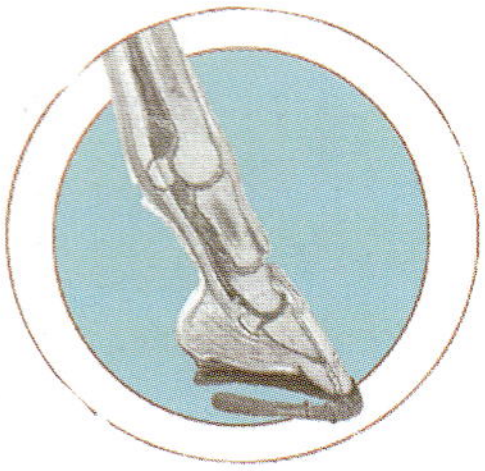

Erkrankungen im Bereich des Mittelfußes

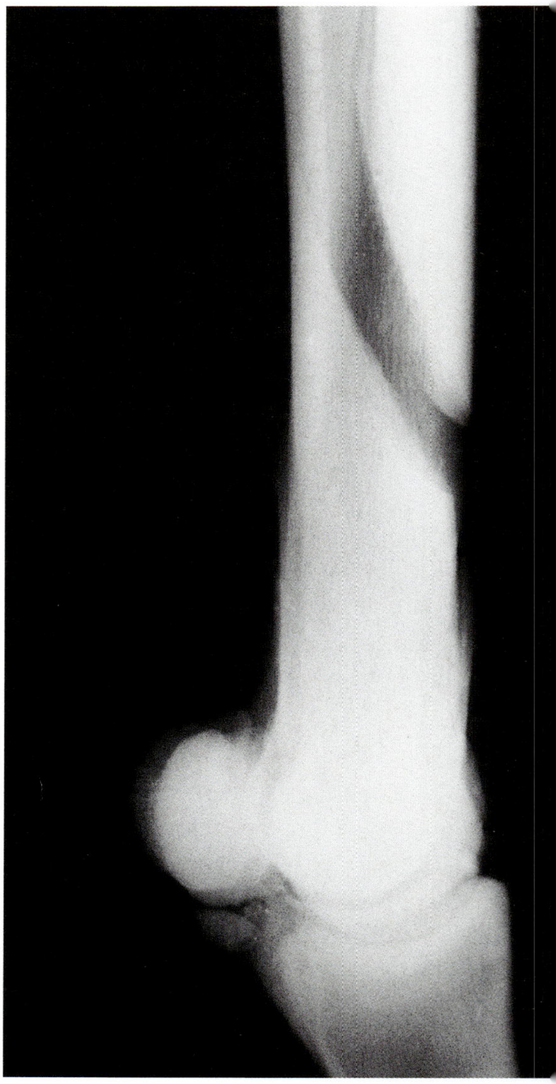

Dieses Röntgenbild zeigt eine Fraktur des Röhrbeines. Foto: Dr. Ende

Röhrbeinfraktur

Nach Unfällen, Stürzen und anderer äußerer Gewalteinwirkung kann der starke, tragende Mittelfußknochen brechen. Der Bruch kann offen oder geschlossen sein. Zudem werden mehrere Bruchformen unterschieden. Die Bestätigung der Diagnose erfolgt durch Röntgen. In einigen Fällen ist eine Operation mit gutem Ergebnis möglich, meist ist eine Röhrbeinfraktur beim erwachsenen Pferd das Todesurteil.

Griffelbeinfraktur

Die beiden kleinen Mittelfußknochen können bei Überlastung oder Gewalteinwirkung brechen. Es entsteht oft eine kleine, schmerzhafte Schwellung. Die Pferde können gering- bis mittelgradig stützbeinlahm sein, müssen aber nicht lahm sein! Manchmal fallen Griffelbeinfrakturen nur auf, weil „harmlose" Schwellungen nicht zurückgehen oder weil später eine Lahmheit auftritt. Dies kann passieren,wenn Knochenkallus, der zur Reparatur an der Bruchstelle gebildet wird, anfängt auf die Sehnen oder den Fesselträger zu drücken. Zur Diagno-

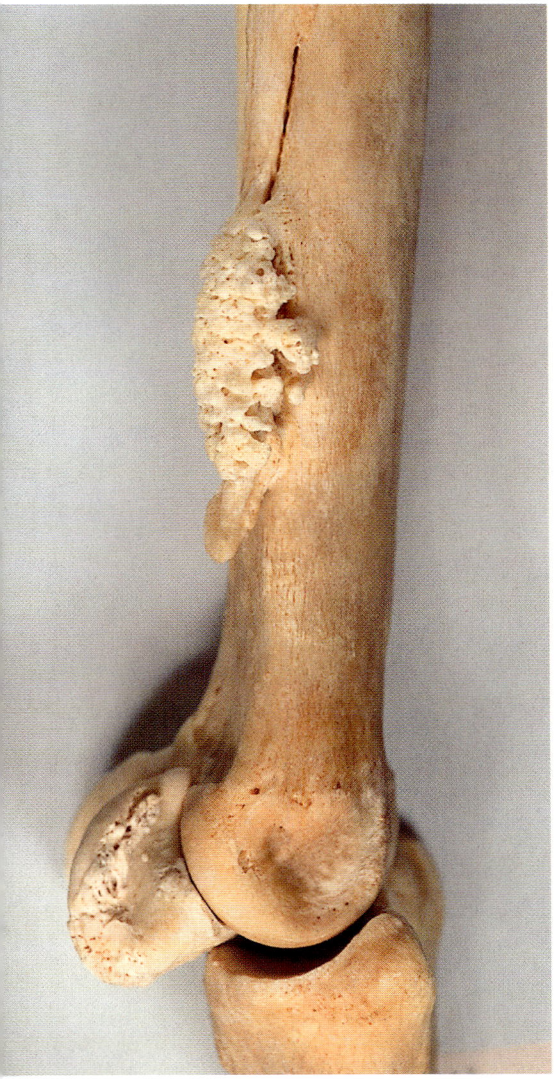

Bild 50: Am Knochenpräparat sieht man die starke Knochenzubildung im Bereich einer Griffelbeinfraktur. Foto: Dr. Ende

se sind schräge Röntgenaufnahmen erforderlich. Eventuell muss zusätzlich eine Ultraschalluntersuchung der Sehnen vorgenommen werden. In einigen Fällen, wenn die Bruchenden nicht stark verschoben sind, kann eine Heilung unter Ruhe ohne Operation gelingen. Häufiger ist bei der Griffelbeinfraktur eine Operation erforderlich. Hierbei wird das abgebrochene Teil entfernt und meist ein Stück gesundes Griffelbein mit weggenommen, um eine gute Heilung zu gewährleisten. Es ist sehr wichtig, dass die anschließende Boxenruhe eingehalten wird. Andernfalls kann es zu starken Reaktionen am verbliebenen Knochenstumpf kommen (die verursachen dann auch wieder Lahmheit).

Sequester

Infolge offener Wunden kann es am Röhrbein (und anderswo) zur Bildung von Knochensequestern kommen. Durch eine entzündliche Reaktion der Knochenhaut entsteht ein Scheibchen Ersatzknochen, das keine Verbindung zum Röhrbein hat. Bemerkt wird dies dadurch, dass die Schwellung nicht gut genug zurückgeht und die darauf befindliche Wunde nicht recht heilen will. Zu Beginn gehen die betroffenen Pferde oft nicht lahm. Zur Bestätigung der Verdachtsdiagnose sind Röntgenbilder erforderlich. Sequester können oft erst wenige Wochen nach der Verletzung erkannt werden. Sie müssen operativ entfernt werden.

Überbeine

Überbeine am Röhrbein entstehen traumatisch (zum Beispiel durch Gegenschlagen) oder spontan. Spontane Überbeine entstehen aufgrund wiederholter Reizungen der kleinen Bänder. Die Überbeine bei jungen Pferden entstehen oft aufgrund einer Reizung der Bänder zwischen Griffelbein und Röhrbein. Die Pferde sind überfordert und stellen sich zum besseren Ausbalancieren immer ein wenig breitbeinig hin. Versuchen sie regelmäßig in dieser Position zu laufen, so dehnen sich diese kleinen Bänder. Es kommt zu kleinen Zerreißungen und

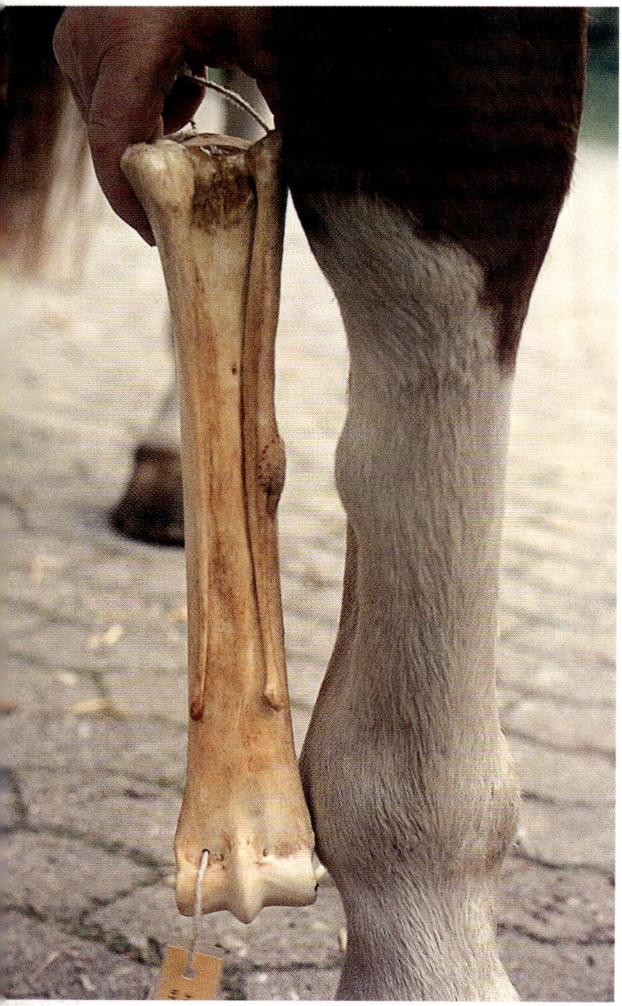

Im Vergleich ein lebendes Überbein und ein Präparat einer ähnlichen Erkrankung. Foto: Dr. Ende

als Reaktion des Körpers zu einer Verstärkung der Struktur durch Knocheneinbau. Da haben Sie Ihr Überbein.

Überbeine können zu einer Stützbeinlahmheit führen. Wenn sie groß werden oder an „falschen" Stellen sitzen, können sie auf den Fesselträger drücken, was auch lahmheitsauslösend sein kann. Die Diagnose sollte durch ein Röntgenbild bestätigt werden. Zur Dokumentation des Krankheitsverlaufs können nach einigen Wochen Kontrollaufnahmen angefertigt werden. Die Behandlung besteht in Ruhe. Diese Behandlung kann durch Einreibungen und entzündungshemmende Medikamente unterstützt werden. Meist verschwinden die Überbeine nicht wieder, aber sie werden flacher, stören nicht und kommen zur Ruhe. Die Behandlung von Überbeinen schlägt umso besser an, je eher sie begonnen wird.

Sehnenentzündungen

Sehnenentzündungen entstehen aufgrund kleinerer oder größerer Faserzerreißungen innerhalb der Sehne. Das heißt es ist ein Überlastungssschaden! Häufig geht der tatsächlichen Faserzerreißung eine Vorschädigung voraus. In einigen Fällen ist sogar am Tag vor der Überlastung schon eine kleine Anschwellung der betroffenen Struktur ertastbar. Durch tägliches Abtasten der Sehnen bei starker Beanspruchung Ihres Pferdes (tiefer Boden oder hohes Tempo) können Sie Früherkennung betreiben und wirkungsvoll vorbeugen. Betroffen ist häufig die oberflächliche Beugesehne. Die Entzündung ist zu ertasten. An der betroffenen Stelle entsteht Wärme, eine Schwellung und Schmerzempfindlichkeit bei Druck.

Häufig ist die Umfangsvermehrung sogar zu sehen (Wade). Auch die tiefe Beugesehne, ihr Unterstützungsband oder der Fesselträger (so genannte „Insertionsdesmopathie des Interosseus", Interosseus heißt nämlich der Fesselträger lateinisch) können betroffen sein. Am Anfang entstehen durch die Zerreißung Blutungen, die die Schwellung ausmachen. Diese Schwellungen verschwinden in den ersten Behandlungswochen. Auch die Lahmheit verschwindet schnell, tritt aber bei Belastung immer wieder auf. Jede weitere Belastung kann den Schaden vergrößern bis zur Unheilbarkeit. Die tatsächliche Heilung dauert mehrere Monate, zum Teil ein ganzes Jahr. Zur Diagnose wird eine sonografische Untersuchung durchgeführt. Sie erlaubt eine exakte Aussage über Art

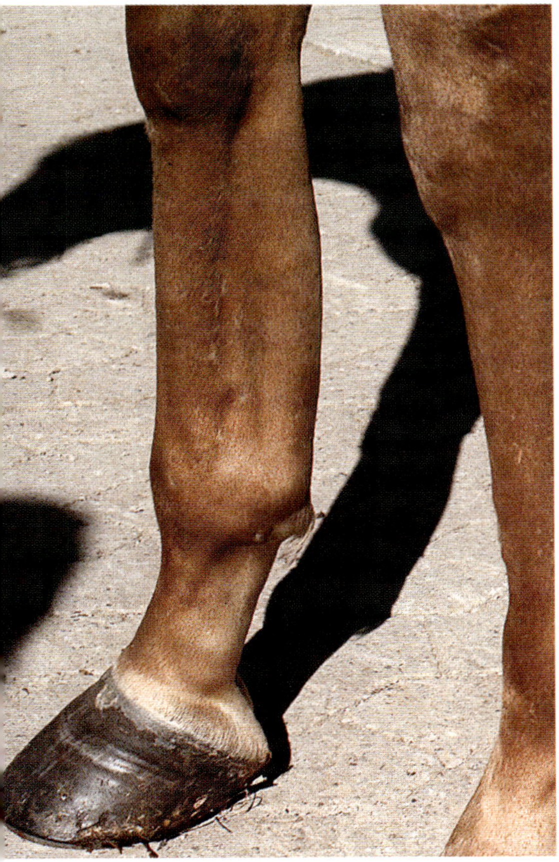

Die Schwellung im Bereich der Beugesehnen nennt man auch Wade. Foto: Dr. Ende

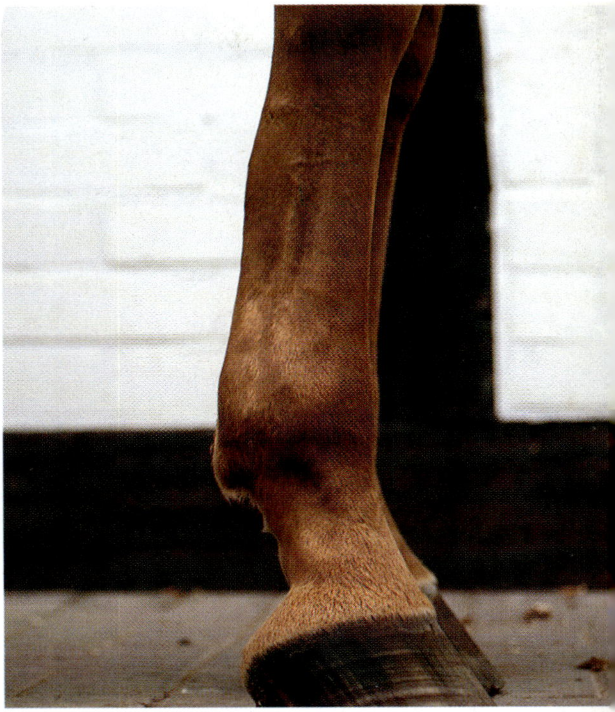

Hier ist nur ein kleinerer Abschnitt geschwollen. Foto: Dr. Ende

Im Präparat sieht man gut die anatomische Situation bei einem Beugesehnenschaden. Foto: Dr. Ende

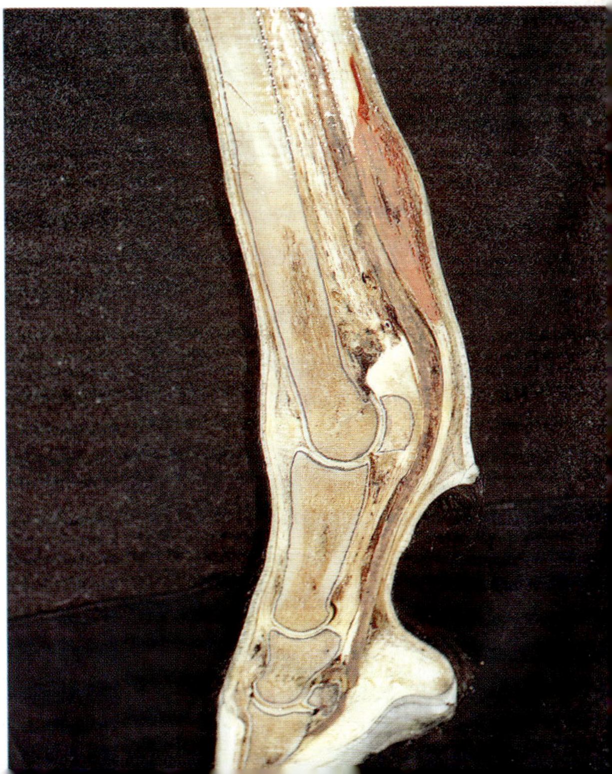

und Ausmaß des Schadens. Durch regelmäßige Ultraschallkontrollen kann auch der Heilungsverlauf beobachtet werden. Schließlich kann der Zeitpunkt, zu dem eine Heilung abgeschlossen ist und das Pferd belastet werden kann, durch Ultraschalluntersuchung bestimmt werden. Ob eine Rückkehr in den Leistungssport nach so einem Schaden möglich ist, kann auch erst nach der vollständigen Heilung abschließend beurteilt werden.

Zur Therapie gibt es verschiedene Ansätze. Heilung geschieht durch Ruhe. Konservativ kann die Heilung unterstützt werden durch kalte Umschläge im akuten Stadium und feucht-warme Umschläge in den folgenden Wochen. Dem Pferd werden Entzündungshemmer verabreicht. Zusätzlich können Hyaluronsäurepräparate zum Einsatz kommen. Der Schmied muss gebeten werden, das Pferd zur Erkrankung passend zu beschlagen. Chronische Sehnenschäden können auch operiert werden, hierzu gibt es verschiedene Verfahren (Splitting, Implantationen, Blistern, Brennen, Durchtrennen des Unterstützungsbandes). Es hängt von den individuellen Gegebenheiten ab, ob überhaupt und wenn ja, welches Operationsverfahren gewählt wird.

Sehnenscheidenentzündung

Eine Sehnenscheidenentzündung kann infiziert oder nicht infiziert sein.

Infizierte Sehnenscheidenentzündung

Durch Verletzungen können Keime bis in die Sehnenscheide vordringen. Es ist auch möglich, dass entzündliche Prozesse aus der Nachbarschaft in die Sehnenscheide einbrechen. Die infizierte Sehnenscheidenentzündung führt immer zu erheblicher Stützbeinlahmheit. Der Bereich der Sehnenscheide ist warm, verdickt und sehr schmerzhaft. Oft zeigen betroffene Pferde gestörtes Allgemeinbefinden und haben Fieber.

Bei Sehnenscheidenentzündungen kann die Entscheidung für eine Operation getroffen werden. Hier wird in Narkose das veränderte Gewebe entfernt und gereinigt. Die Heilung erfordert örtliche und allgemeine hoch dosierte Antibiotikagaben. Die Aussichten auf eine vollständige Wiederherstellung sind meist nicht gut.

Nicht infizierte Sehnenscheidenentzündung

Diese Entzündung entsteht aufgrund von Überlastung oder nach stumpfen Traumen. Die Sehnenscheide ist vermehrt gefüllt und warm. Das Abtasten kann schmerzhaft sein. Beugen und strecken des Fesselgelenks kann auch schmerzhaft sein. Beim Vorführen stellt man eine mittelgradige Stützbeinlahmheit fest. Eventuell muss eine Ultraschalluntersuchung durchgeführt werden, um das Vorliegen einer Sehnenentzündung auszuschließen. Zur Therapie werden in den ersten Tagen kühlende Verbände oder Einreibungen verwendet. Zusätzlich erhalten die Pferde entzündungshemmende Medikamente.

Wird eine nicht infizierte Sehnenscheidenentzündung chronisch, so kann das Spritzen von Medikamenten direkt in die Sehnenscheide erforderlich sein. In einigen chronischen Fällen können so starke Verklebungen entstehen, dass wiederholt gespritzt oder sogar operiert werden muss.

Phlegmone

Die Phlegmone oder der Einschuss ist eine Entzündung, die sich nach dem Eindringen von Keimen in kleinere oder größere Verletzungen im Bindegewebe der Unterhaut ausbreitet.

Sie kann am ganzen Pferdekörper überall vorkommen. Im Rahmen dieses Buches interessieren uns nur die Beine und hier ist das Vorkommen der Phlegmone auch recht häufig. Relativ schnell nach der Verletzung (das können auch kleine, fast übersehene Schrammen oder Maukestellen sein) kommt es zum Anschwellen des betroffenen Bereichs. Die Schwellung ist warm, ein wenig teigig und schmerzempfindlich.

Oft besteht eine Stützbeinlahmheit. In einigen Fällen haben die Pferde auch Fieber und zeigen gestörtes Wohlbefinden. Bei vorhandenem Fieber muss antibiotisch behandelt werden. Am Bein selbst werden kühlende, desinfizierende und zusammenziehende Verbände angelegt.

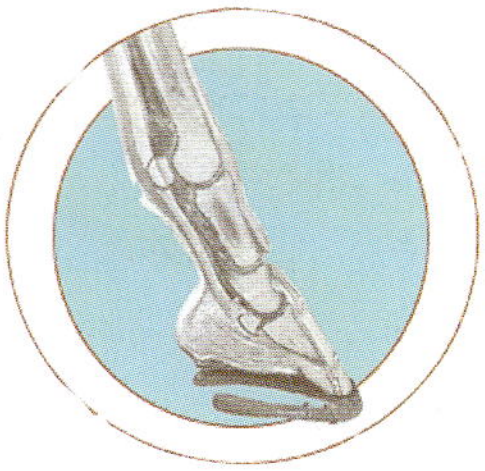

Erkrankungen der Vordergliedmaße oberhalb des Mittelfußes

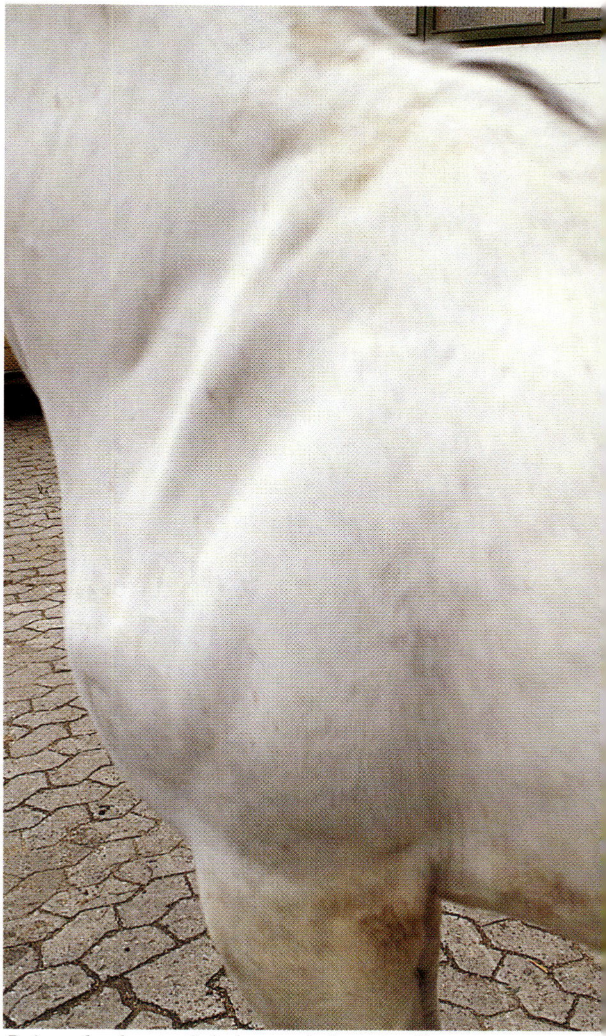

Bei so abgebauter Schultermuskulatur ist die sonst nur tastbare Schulterblattgräte gut zu sehen. Foto: Dr. Ende

Schulterlahmheit

Alle Bewegungsstörungen, die ihre Ursache im Bereich der Schulter haben, werden hier zusammengefasst. Die Pferde gehen hangbeinlahm und heben beim Vorführen den Kopf stark an. Durch die schmerzhafte Beugung kommt der Huf hierbei kaum vom Boden. Beim Rückwärtstreten kann der Huf sogar über den Boden schleifen.

Durch Gegenlaufen, Anstoßen oder Hängenbleiben können im Schultergelenk Verdrehungen und Verstauchungen entstehen. Deren Folge ist die Schultergelenksentzündung. Die Behandlung erfolgt durch anfängliches Kühlen und anschließende feuchtwarme Einreibungen oder Umschläge. Die Pferde erhalten Ruhe und entzündungshemmende Medikamente. Entzündungen infolge offener Verletzungen des Schultergelenks müssen sofort versorgt werden. Eine Spülung des Gelenks und örtliche sowie allgemeine Antibiotikagabe sind nötig. Im Schultergelenk können auch osteochondrotische Veränderungen vorkommen.

Schulterblattfrakturen zeigen sich durch plötzliche und hochgradige Lahmheit. Im Schulterblattbereich entsteht sehr schnell eine erhebliche Umfangsvermehrung. Anfassen und Bewegung sind sehr schmerzhaft. Die

Röntgenkontrolle so einer Fraktur gelingt beim erwachsenen Pferd praktisch nur im Liegen, das heißt unter Vollnarkose. Häufig sind solche Frakturen unheilbar.

Örtlicher Muskelschwund der oberhalb und oder der unterhalb der Schulterblattgräte befindlichen Muskulatur kommt relativ selten vor. Die Ursache ist meist ein stumpfes Trauma, in dessen Folge der Muskel allmählich abbaut. Man kann dann an der entsprechenden Stelle eine Kuhle neben der gut tastbaren Schulterblattgräte bemerken. Oft gehen Pferde mit diesen Veränderungen zunächst nicht lahm. Es müssen unbedingt physiotherapeutische Verfahren zum Muskelaufbau eingesetzt werden. Je später begonnen wird, umso länger dauert die Heilung.

Im Bereich der Schulter gibt es verschiedene Schleimbeutel, die sich entzünden können. Derartige Erkrankungen sind selten.

Oberarmfraktur

Durch äußere Gewalteinwirkung kann sogar der große Oberarmknochen beim Pferd brechen. Das Pferd ist unmittelbar nach dem Trauma hochgradig lahm und hält das Bein leicht nach vorne gebeugt. An der Bruchstelle entsteht ein großer Bluterguss, abnorme Beweglichkeit und Krepitation (das ist das Fachwort für dieses fies knirschende Geräusch, das man nie mehr vergisst). Die Diagnose kann durch ein Röntgenbild gesichert werden. Oberarmfrakturen sind meist unheilbar.

Krankheiten am Ellenbogen

Relativ häufig sind infizierte Ellenbogengelenksentzündungen. Sie entstehen aufgrund von Schlagverletzungen oder nach Gabelstichen auf der Außenseite des

Hier ist die Schultermuskulatur abgebaut und der Ellenbogen leicht nach außen gedreht. Foto: Dr. Ende

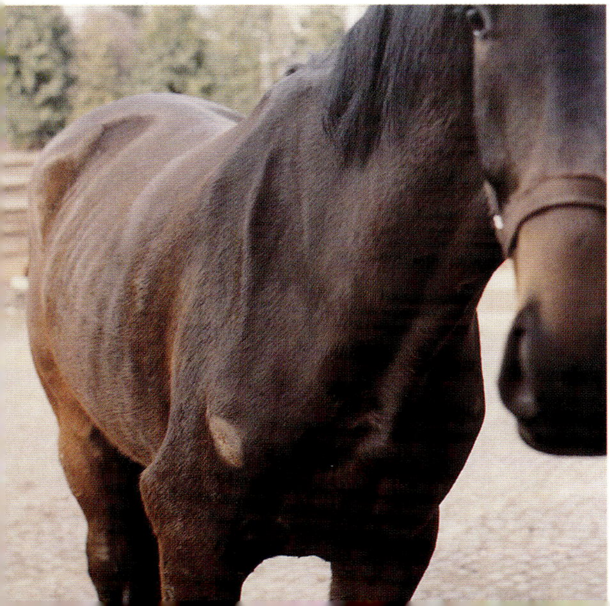

Solche Beulen kommen am Ellenbogen vor. Foto: Dr. Ende

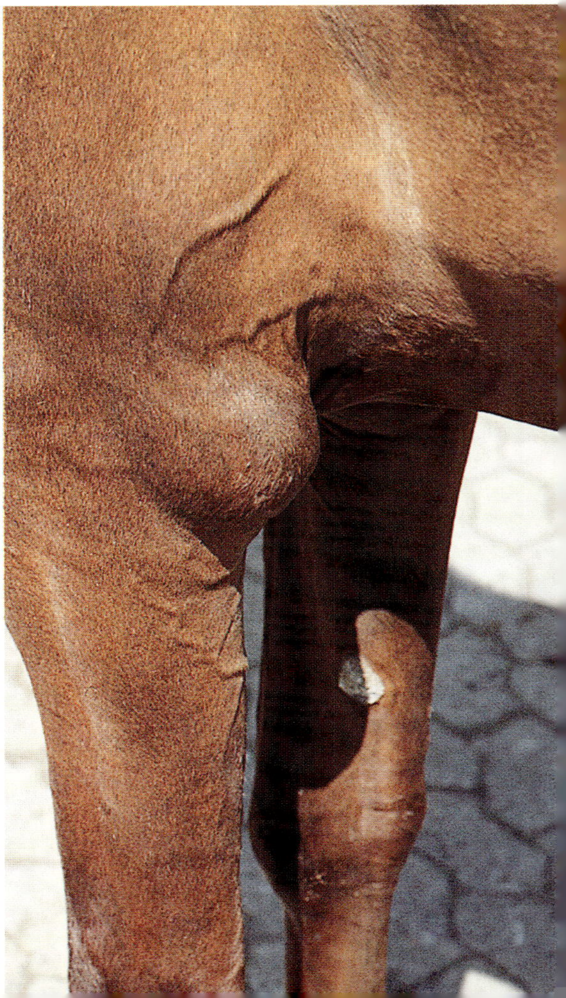

Gelenks. In Ruhe stellen die Pferde das Bein leicht gebeugt vor und berühren nur mit der Hufspitze den Boden. Die Lahmheit ist eine mittel- bis hochgradige Hangbeinlahmheit. Eine Therapie gelingt nur mit einer Operation. Nicht infizierte Ellenbogengelenksentzündungen und Arthrosen am Ellenbogengelenk sind selten.

Entsteht hinten am Ellenbogen eine Beule, so kann es sich um eine Schleimbeutelentzündung handeln (Stollbeule, Ellenbogenbeule, Liegebeule). Solche Beulen führen in aller Regel nicht zur Lahmheit, sind aber auch nicht schön. Sie entstehen gerne durch Druck beim Liegen oder Aufstehen. Besonders gefährdet sind Pferde, die mit überstehenden Eisen beschlagen sind oder mit eingedrehten Stollen schlafen. Liegen auf festem Boden begünstigt das natürlich. Beugen Sie der Entstehung solcher Beulen vor und behandeln Sie sie sofort. Spätere Behandlung bringt meist keinen Erfolg mehr.

Unterarmfraktur

Nur gewaltige Kräfte sind in der Lage, so einen Pferdeunterarm zu brechen. Meist entstehen gedeckte Frakturen. Zum Teil sind Fohlen betroffen, die von der Stute getreten worden sind. Pferde mit einer Unterarmfraktur sind hochgradig lahm und es entstehen an der Frakturstelle ein großer Bluterguss, abnorme Beweglichkeit, Schmerzhaftigkeit und Krepitation.

Bei Fohlen und kleinen Ponys kann durch eine sofortige osteosynthese Operation eventuell eine Heilung erreicht werden. Bei ausgewachsenen Pferden über etwa 300 Kilogramm Gewicht ist das aussichtslos.

Selten entstehen Impressionsfrakturen, bei denen nur ein kleines Stück der Knochenwand nach innen gedrückt erscheint. Diese können im Einzelfall konservativ ausheilen.

Krankheiten am Vorderfußwurzelgelenk

Neben Verletzungen durch Stürze kommen verschiedene Erkrankungen vor, die nur aus der Kenntnis der anatomischen Strukturen verstanden werden können. Bei Verletzungen muss immer die Tiefe der Verletzung beachtet werden, um festzustellen, welche Strukturen außer der Haut betroffen sind. Häufig sehen auch nur aufgeschürfte „Knie“ dramatisch aus.

Bei oberflächlichen Verletzungen gehen die Pferde in aller Regel nicht lahm und die Abheilung gelingt mit guter Wundhygiene innerhalb kurzer Zeit. Umfangsvermehrungen auf der Vorderseite des Karpalgelenkes sind oft Veränderungen des Schleimbeutels. So lange diese Umfangsvermehrungen nicht erheblich groß werden, verursachen sie keine Lahmheit.

Entzündung des Vorderfußwurzelgelenks

Solche Entzündungen können nach offenen Wunden als infizierte Entzündungen vorkommen. Die Symptome so einer infizierten Karpalgelenksentzündung sind eindeutig: Das Karpalgelenk ist diffus geschwollen und sehr schmerzhaft. Die passive Beugung ist praktisch nicht möglich. Die Pferde gehen mittel- bis hochgradig lahm und schleifen die Zehe durch den Boden. Auf der Vorderseite befindet sich meist eine Wunde, aus der eitriges Wundsekret herauskommt. Das Wohlbefinden der Pferde ist deutlich gestört und oft haben sie Fieber. Die Therapie besteht in einer chirurgischen Wundversorgung und örtlich und allgemein eingesetzten Antibiotika. Die Heilungsaussichten sind von der Erkrankungsdauer abhängig und davon, welche Gelenkabschnitte betrof-

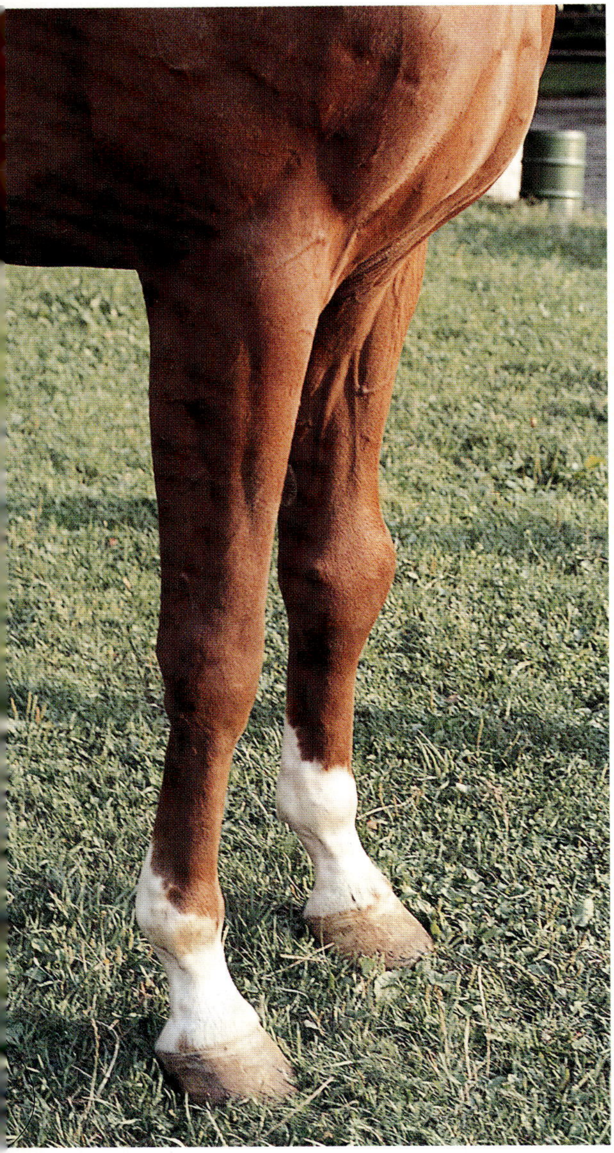

Das gesamte Vorderfußwurzelgelenk ist geschwollen. Foto: Dr. Ende

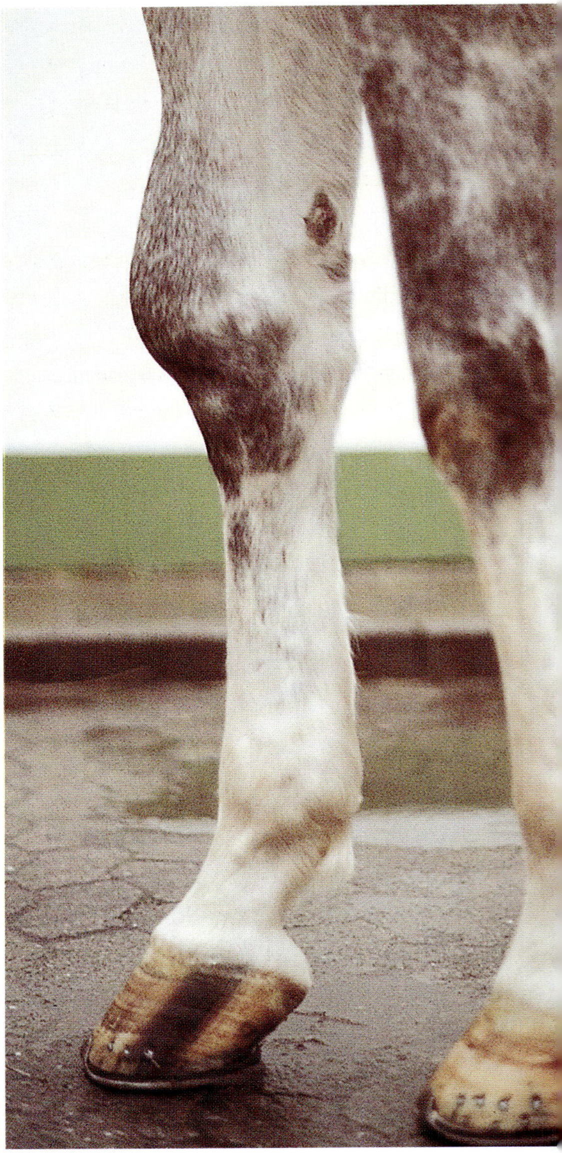

Hier liegt die Schwellung höher, achten Sie auf Verletzungen. Foto: Dr. Ende

fen sind. Nicht infizierte Karpalgelenksentzündungen zeigen sich nicht ganz so dramatisch: Die Karpalgelenksentzündung entsteht durch Quetschungen im Gelenk bei starker Belastung oder engen Wendungen. Zunächst erscheint der obere Gelenkspalt vermehrt gefüllt. Im Laufe der Erkrankung entsteht eine gemischte Lahmheit und eine Bewegungseinschränkung und Schmerzhaftigkeit bei passiver Bewegung. Sind beide Beine betroffen, zeigt sich anstelle einer Lahmheit lediglich ein klammer Gang. Die Karpalgelenksbeugeprobe ist positiv. Medikamentöse Therapien allgemein oder direkt am Gelenk helfen nur in Kombination mit ausdauernder Schonung über mehrere Monate und langsamem Aufbautraining.

Infolge der Karpalgelenksentzündung kann eine Karpalgelenksarthrose entstehen. Hier findet man zwischen den kleinen Knochen und außerhalb des Gelenks Knochenzubildungen, die mit der Zeit auch eine mechanische Behinderung verursachen. Diese knöchernen Zubildungen sind im Röntgenbild darstellbar. Im Laufe der Erkrankung steht das Pferd vermehrt vorbiegig und die Beweglichkeit des Karpalgelenks wird weiter eingeschränkt.

Karpaltunnelsyndrom

In einem kurzen Schwenk zurück zur Anatomie: An der Rückseite des Karpalgelenkes entsteht durch das Gelenk, das Erbsbein und das Beugesehnenenhalteband ein Tunnel, durch den wichtige Strukturen hindurchziehen. Alle Einengungen in diesem Tunnel führen zu einer schlechten Durchblutung und einer veränderten Sensibilität in der Zehe. Betroffene Pferde gehen chronisch leicht lahm und können sich nach Ruhepausen bis zur Lahmfreiheit bessern. Durch Zubildungen am Beugesehnenhalteband wird die Einengung immer schlimmer. Die Bestätigung der Diagnose ist schwierig und gelingt nur in der Kombination von Röntgen und Anästhesie. Eine Ultraschalluntersuchung kann auch sinnvoll sein. In hartnäckigen Fällen wird in einer Operation das Beugesehnenhalteband durchtrennt und die Verengung so aufgehoben.

Frakturen der kleinen Knochen

Die kleinen Knochen können vor allem bei einer Überstreckung des Karpalgelenks Schaden nehmen. Sie können zu mehreren an verschiedenen Stellen brechen und ihren Zusammenhalt verlieren, oder von einem oder mehreren von ihnen können Stückchen abreißen, oder einer kann einzeln brechen. Je nachdem, wie viel kaputt ist, unterscheiden sich die Symptome. Bei Mehrfachfrakturen mit Zusammenhangstrennungen ist die Diagnose einfach.

Im Karpalgelenksbereich entstehen Wärme, Umfangsvermehrung, Schmerz und abnorme Beweglichkeit. Kleine Chipfrakturen können zunächst zur Symptomatik einer Karpalgelenksentzündung führen. Diese Symptome können fast vollständig abklingen und die Pferde werden zum Teil sogar lahmfrei. Derartige Lahmheiten und Gelenkschwellungen treten allerdings nach Belastung immer wieder auf. Die sichere Diagnose erhält man durch Röntgen in mehreren Ebenen. Es ist häufig erforderlich, das Gelenk im geraden und im gebeugten Zustand zu röntgen.

Die Therapie richtet sich nach Art und Ausmaß des Schadens.

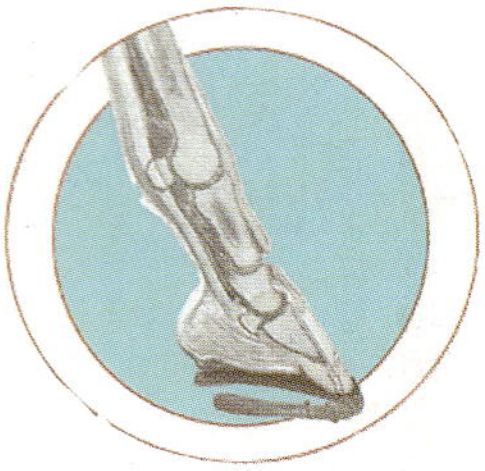

Erkrankungen der Hintergliedmaße oberhalb des Mittelfußes

Oberschenkelverletzungen

Sehr dramatisch können Verletzungen der großen Oberschenkel- und Kruppenmuskulatur aussehen. Sie entstehen nach Unfällen an Weidegattern oder durch Schlagverletzungen. Die Wundfläche ist groß und die Tiefe der Verletzung niemals auf den ersten Blick zu beurteilen. Je nachdem, welche Muskulatur wie stark verletzt ist, kommt es nach solchen Verletzungen zu Bewegungseinschränkungen. Es gibt auch erhebliche Verletzungen, die nicht unmittelbar mit einer Lahmheit einhergehen. Durch Verschmutzung mit Erde oder Holzsplittern können Eiterbakterien und Gasbranderreger in die Wunde gelangen, wodurch die Behandlung erschwert wird. In aller Regel lassen sich auch große Fleischwunden gut versorgen. Werden solche Wunden sofort tierärztlich versorgt, beginnt bereits nach etwa zehn Tagen eine Wundgranulation und Heilung.

Oberschenkelfraktur

Bei Stürzen oder Ausrutschen kann es zu Frakturen des Oberschenkelknochens kommen. Es besteht plötzlich hochgradige Lahmheit, ein großer Bluterguss und Krepitation. Fallen die Pferde bei der Fraktur hin, so können sie häufig nicht mehr aufstehen. Die Diagnose kann durch ein Röntgenbild bestätigt werden. Bei leichten Pferden, die alleine aufstehen können, kann im Einzelfall eine Knochenbruchheilung ohne Operation gelingen. Bei Fohlen und Zuchtpferden kann eine osteosynthese Operation versucht werden. Bei ausgewachsenen großen Pferden sind solche Frakturen meist unheilbar.

Intermittierendes Hinken

Das intermittierende Hinken ist eine immer wieder in der Belastung auftretende Bewegungsstörung eines oder beider Hinterbeine. Dieses Krankheitsbild hat seine Ursache außerhalb des Beines. Es handelt sich um eine Durchblutungsstörung, die hervorgerufen wird von Thromben, die in der Endaufzweigung der großen hinteren Körperarterie herumhängen. Solche Thromben entstehen infolge von Parasitenbefall an der Innenseite von Arterien und bleiben ein Leben lang erhalten. Immer in verstärkter Belastung, wenn das Bein mehr Blut benötigt, treten Störungen auf, die sich in der Ruhe sehr bald bessern. Die Diagnose kann bestätigt werden durch eine rektale Untersuchung und eine von rektal durchgeführte Ultraschalluntersuchung der Arterien. Die Heilungsaussichten sind nicht wirklich gut. Es gibt verschiedene Therapieansätze mit durchblutungsfördernden Medikamenten oder durch eine operative Entfernung des Thrombus. Alle Pferde müssen regelmäßig mit einem Präparat entwurmt werden, das auch die verantwortlichen wandernden Strongylidenlarven tötet.

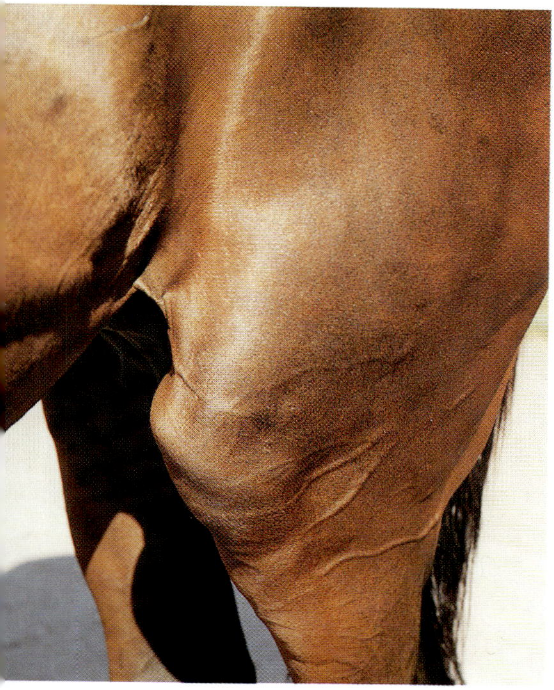

Hier sieht man bereits aus der Entfernung ein Knieproblem. Vorsicht, wenn Sie es anfassen wollen, vermutlich ist das schmerzhaft. Foto: Dr. Ende

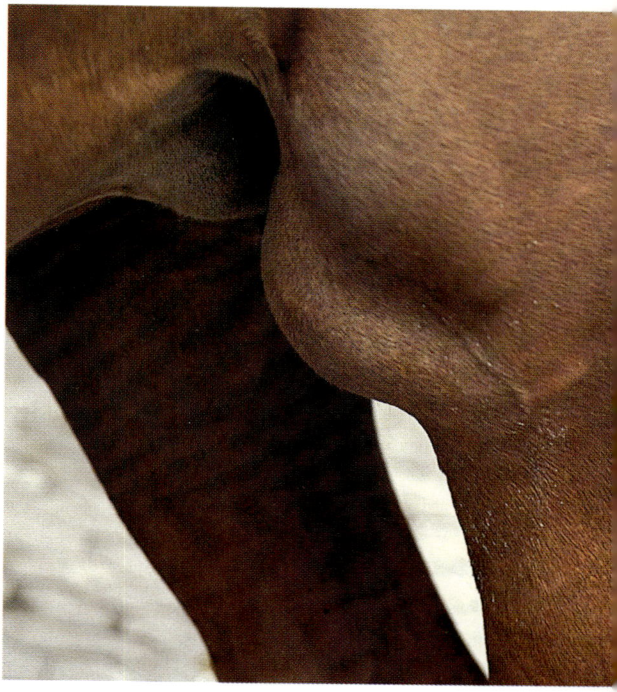

In diesem Knie ist viel Flüssigkeit angesammelt. So sieht ein Gelenkerguss aus. Foto: Dr. Ende

Kniegelenkserkrankungen

Im Kniegelenk kommen Entzündungen, Osteochondroseveränderungen und Arthrosen vor. Die akute Kniegelenksentzündung ist meist nicht infektiös. Sie entsteht durch ein starkes Trauma oder durch wiederholte kleine Quetschungen und Verdrehungen. Im Anfangstadium ist das Knie vermehrt gefüllt und warm. Die Pferde sind im Allgemeinbefinden ungestört und zeigen in der Ruhe eine Entlastungshaltung. In der Bewegung entsteht eine Hangbeinlahmheit, die mit der Bewegung zunimmt (Knielahmheiten laufen sich nicht ein). Nach der passiven Beugung wird das Bein oft verzögert abgesetzt. Besteht die Erkrankung länger, so erkennt man „aus der Ferne" bereits eine zurückgebildete Muskulatur und einen in der Zehe kurzgeschliffenen Huf. Wichtig ist, ob neben der Entzündung auch Risse der Kniebänder und Menisken vorliegen. Liegen keine Schäden an den inneren Strukturen vor, so heilt die Lahmheit innerhalb von vierzehn Tagen Ruhe ab. Um keine Rückfälle zu bekommen, sollte man die Pferde aber mindestens vier Wochen nicht belasten. Die Heilung kann durch Umschläge, Einreibungen und gelenkwirksame Medikamente unterstützt werden. Sind auch innere Strukturen betroffen, so wird die Erkrankung immer chronisch und geht in eine Kniegelenksarthrose über. Auch als Verschleißschaden kann so eine Kniegelenksarthrose entstehen. Bei bestehender Kniegelenksarthrose gehen die Pferde immer oder immer nach der Belastung lahm. Die Beugeprobe ist positiv. Die Bestätigung der Diagnose gelingt durch Röntgen und durch Gelenkanästhesie. Die Behandlung ist schwierig und dauert lange. Die Heilungsaussichten sind nicht gut.

Osteochondrose

Bereits in sehr jungem Alter entstehen osteochondrotische Veränderungen, die wieder verschwinden können oder die Pferde ein Leben lang begleiten. Solche Veränderungen, die beim zweijährigen Pferd noch da sind, verschwinden in aller Regel nicht mehr. Die Osteochondrose tritt in allen großen Gelenken auf. Sie kommt vor allem im Knie, im Sprunggelenk und in der Schulter vor. Innerhalb des Gelenks entstehen „lose" Teile, die wie abgesprengte Knochenstücke vor den Knochenlücken liegen, in denen sie „fehlen". Oft beeinträchtigen sie die Pferde nicht und werden bei scheinbar gesunden Pferden zufällig auf Röntgenaufnahmen gefunden. Gelenke, in denen solche losen Knochenschuppen liegen, sind oft vermehrt gefüllt. Wenn die Teilchen sich verschieben und die Bewegung behindern, so kann man sie eventuell operativ entfernen. Das „eventuell" beinhaltet: Je nachdem, wie groß sie sind, wo sie sitzen und welche Art Schaden am Gelenk durch sie bereits entstanden ist.

Kniescheibenfixationen

Die Kniescheibe kann sich immer mal oder dauerhaft unerlaubt von ihrem Platz entfernen. Sie verlagert sich dabei nach oben oder nach außen, sehr selten auch in die Mitte. Am häufigsten beim großen Pferd ist die Verlagerung nach oben. Bleibt die Kniescheibe hier fest hängen, so können Knie und Sprunggelenk nicht mehr gebeugt werden. Durch Seitwärts- oder Rückwärtstreten des Pferdes springt die Kniescheibe oft mit einem deutlichen Knacken an ihren Platz zurück. Die Kniescheibenverlagerung nach außen kommt vor allem bei Shettys vor. Diese Seitwärtsverlagerung kann man sogar am stehenden Pony mit der Hand bewirken. Gelingt die Zurückverlagerung einer in falscher Position festhängenden Kniescheibe nicht, so muss die Zurückverlagerung in Narkose erfolgen.

Auf Dauer ist so ein Problem natürlich nicht gesund. Wenn es nicht gelingt, konservativ (Einreibungen, Training) deutliche Besserung zu erhalten, muss operativ das mittlere Kniescheibenband durchtrennt werden.

Frakturen am Unterschenkel

Nach Stürzen oder Schlagverletzungen kann der Unterschenkelknochen brechen. Das Pferd ist sofort hochgradig lahm und benutzt das Bein nicht mehr zum Stützen. Es kann ein erheblicher Bluterguss und eine abnorme Beweglichkeit festgestellt werden. Die Diagnose aufgrund der klinischen Symptome ist sicher und kann durch ein Röntgenbild bestätigt werden. Derartige Brüche sind meist unheilbar.

Zerreißung des Musculus fibularis tertius

Die Zerreißung dieses Muskels kann bei heftigem Ausschlagen oder bei Befreiungsversuchen beim Festliegen passieren. Auffällig ist die abnorme Beweglichkeit. Nor-

Dann kann man Knie und Sprunggelenk unabhängig voneinander bewegen. Foto: Dr. Ende

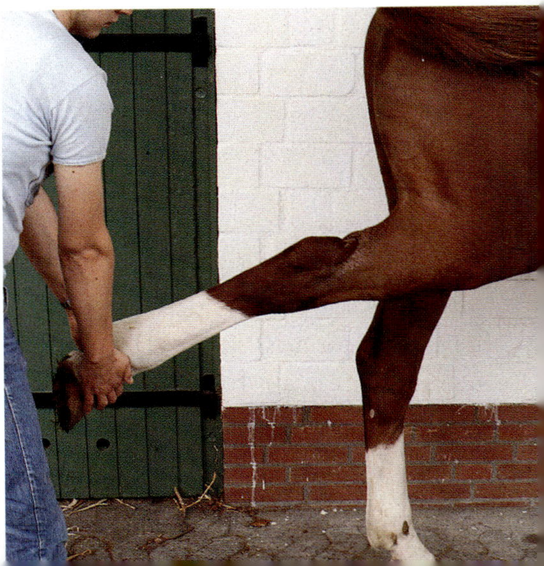

Bei so einem Sturz kann der Muskulus fibularis tertius reißen. Foto: Dr. Ende

malerweise bewegen sich durch die Spannsägenkonstruktion der Muskeln und Bänder Knie und Sprunggelenk immer synchron. Bei diesem Muskelabriss kann das Sprunggelenk nicht mehr gebeugt werden. Hierdurch kommt es zu schlotternden oder pendelnden Bewegungen des Unterschenkels, wenn man versucht das Pferd zu bewegen. Das Herausziehen des Beines nach hinten funktioniert ohne Widerstand. Dabei legt sich das Gewebe auf der Rückseite des Unterschenkels in Falten. Bei frischen Abrissen kann man auf der Vorderseite die Lücke fühlen, wo der Muskel abgerissen ist. Das Allgemeinbefinden des Pferdes ist völlig ungestört. Solche Risse heilen ohne Behandlung innerhalb von zehn Wochen aus.

Spat

Dieser hässliche Begriff fasst alle degenerativen Krankheitsprozesse am Sprunggelenk zusammen. Diese Erkrankung ist schon sehr lange bekannt und zählt zu den häufigsten Lahmheitsursachen der Pferde. Bei Krankheitsbeginn steht eine gemischte Lahmheit aufgrund von Schmerzen im Vordergrund. Später kommt es zu Knochenzubildungen zwischen den kleinen Knochen und außen am Gelenk. Die Lahmheit entwickelt sich allmählich und fällt am Anfang vor allem beim Antraben auf. Die Lahmheit bessert sich in der Bewegung (läuft sich ein). Die Beugeprobe ist positiv. Die Diagnose kann durch Röntgen und durch Anästhesien bestätigt werden. Häufig kommt es mit abgeschlossener Verknöcherung zu Schmerzfreiheit.

Am rechten Sprunggelenk innen ist eine deutliche Umfangsvermehrung sichtbar. Achten Sie auch auf die Kontur des linken Sprunggelenkes. Foto: Dr. Ende

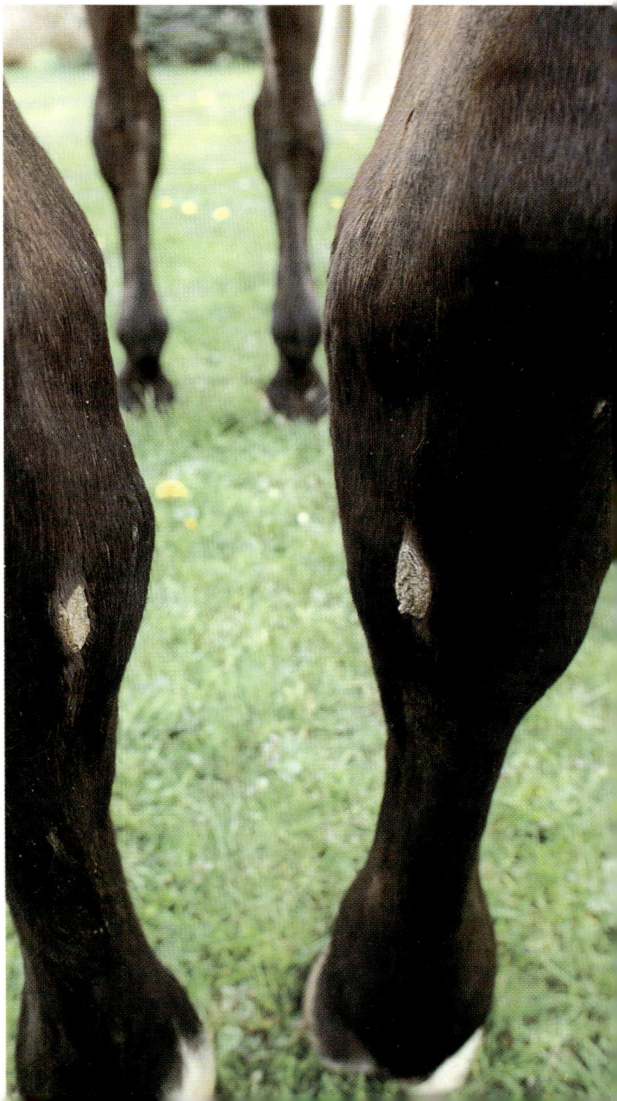

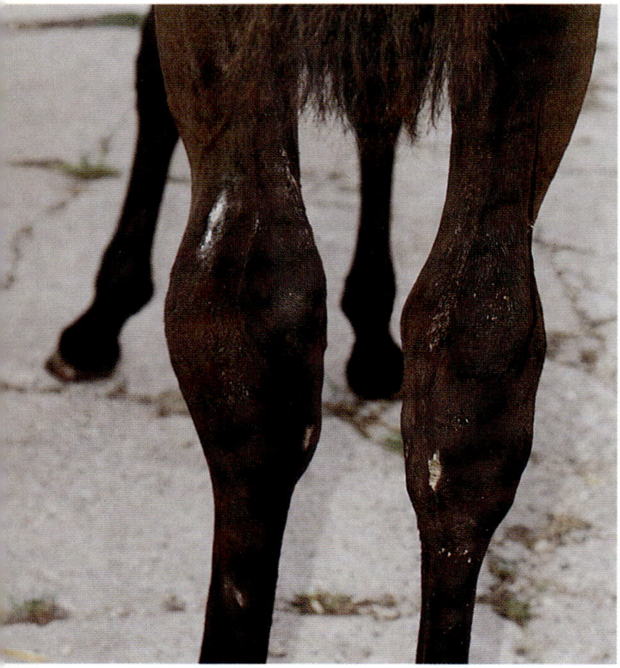

Bei diesem Pferd ist die Umfangsvermehrung am linken Bein und außen. Foto: Dr. Ende

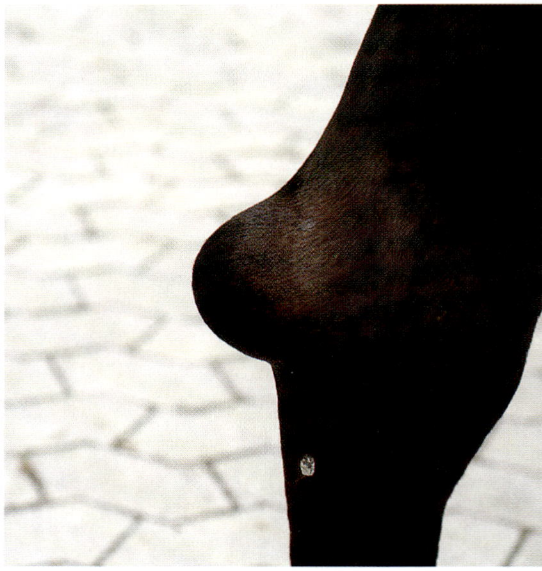

Und hier sieht man eine Piephacke. Foto: Dr. Ende

Solche Umfangsvermehrungen nennt man auch Gallen. Foto: Dr. Ende

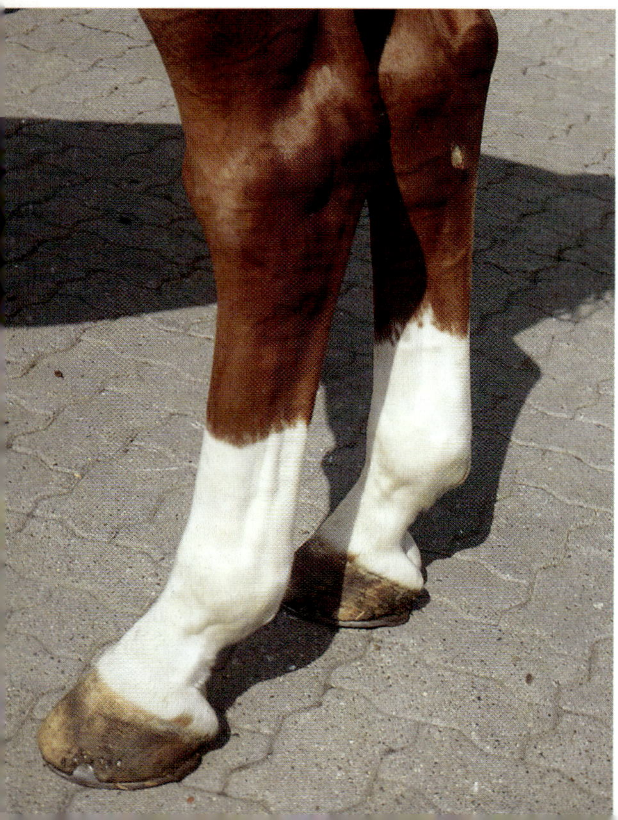

Alle Therapien zielen darauf, durch allgemeine oder örtliche Schmerzausschaltung die Lahmheit zu beseitigen. Einige Therapien wollen die Verknöcherung beschleunigen, um die bei abgeschlossener Verknöcherung entstehende Schmerzfreiheit früher zu erhalten. Als Therapien kommen folgende Maßnahmen in Frage: Orthopädischer Beschlag, gelenkwirksame Medikamente, entzündungshemmende und schmerzstillende Medikamente, Bewegungstherapie, Einreibungen oder eine Spatoperation. In so einer Operation wird die Verknöcherung beschleunigt oder die Schmerzwahrnehmung beeinflusst. Früher sind Spatpferde auch gebrannt worden, das wird aus Tierschutzgründen heute nicht mehr gemacht.

Alle Therapien können keine Heilung verursachen, es geht lediglich um die Wiederherstellung der Funktion und Schmerzfreiheit für das Pferd. Dieser Therapieerfolg kann in einigen Fällen auch nach einem Jahr Weidezeit ohne jede Therapie erreicht werden.

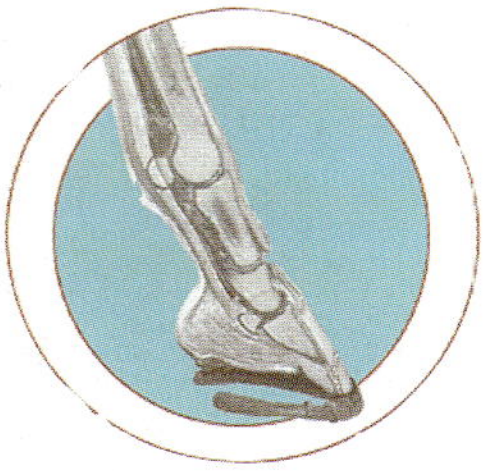

Einige Anmerkungen zu eingesetzten Therapieverfahren

Im Einzelfall werden Sie ja immer die notwendigen Therapien mit dem Tierarzt Ihres Pferdes besprechen. Es ist wichtig, dass Sie sich über einige Dinge Gedanken machen, damit Sie notwendige Entscheidungen treffen können und damit Sie in der Lage sind den Heilungsverlauf optimal zu unterstützen.

Boxenruhe

In vielen Fällen ist es angeraten, lahme Pferde für einige Zeit in der Box zu lassen, damit das betroffene Bein Ruhe erhält. Behalten Sie dabei immer das Wohlbefinden des ganzen Pferdes im Auge. Alle Organsysteme, die das Pferd hat, sind für permanente Bewegung vorgesehen. Ist Stehenbleiben für ein Bein erforderlich, so beeinträchtigt es die anderen Gliedmaßen, den Verdauungsapparat und den Atmungsapparat. Dazu beeinträchtigt es oft die Laune unseres Pferdes. Natürlich ist das unvermeidbar, aber Sie können die Folgen für Ihr Pferd lindern. Sie können zum Beispiel gegen die Langeweile mit häufigen Besuchen, zeitintensivem Knabberkram (Birkenstämme oder Ähnliches), ungefährlichem Spielzeug, freundlichen Boxennachbarn oder auch nur mit interessantem Ausblick aus der Box angehen. Für die Funktion des übrigen Pferdes können Sie Massagen, ausdauernde Putzeinheiten und, wenn das kranke Bein das zulässt, mit den anderen Beinen Gymnastik durchführen. Für den Verdauungsapparat können Sie durch wenig Kraftfutter, ausreichendes und gutes Raufutter und eventuell Leinsamen oder Spezialmash etwas tun. Schädigungen des Atmungsapparates (Staub) müssen Sie unbedingt vermeiden, da das Pferd sich nicht bewegt, liegen die Selbstheilungskräfte des Atmungsapparates lahm.

Boxenruhe macht nur dann Sinn, wenn das Pferd in der Box Ruhe hält. Wenn es als einziges Pferd nicht raus darf und den Tag damit verbringt, schreiend hin und her zu laufen oder an den Wänden hoch zu klettern, nützt es nichts. In einigen Fällen kann man Pferde dann in einem kleinen Paddock unterbringen, der Sichtkontakt zu den anderen Pferden ermöglicht.

Heilungsdauer

Wie bei allen Dingen im Umgang mit Pferden ist Geduld wichtiger als alles andere. Zu frühe Belastung schadet immer. Wenn ein Pferd nach einer Verletzung wieder anfängt zu arbeiten, ist langsames und gezieltes Aufbautraining das Allerwichtigste. Wenn Sie unsicher sind, lassen Sie sich einen Therapieplan von Ihrem Tierarzt an die Hand geben. Auch wenn Sie meinen, es ginge doch schon ganz gut: fangen Sie niemals an, das Pferd zu belasten, bevor Sie nicht sicher sind, dass die Heilung abgeschlossen ist. Rückfälle führen oft zu – nicht mehr zufriedenstellend behandelbaren – chronischen Defekten.

Schmerzmittel und Entzündungshemmer

Zu Beginn der Erkrankung und bei beginnender Arbeit kann es sinnvoll sein, dem Pferd durch die Gabe von Schmerzmitteln und Entzündungshemmern zu helfen. Diese Medikamente machen in der Regel beides gleichzeitig, ähnlich wie Aspirin beim Menschen. Bei einigen Medikamenten überwiegt die Entzündunghemmung, bei anderen die Schmerzreduktion. Der Schmerz, den das Pferd normalerweise empfindet, hat auch eine Schutzfunktion: „Achtung es tut weh“ signalisiert dem Pferd „Tritt nicht so doll auf“. Bei Erkrankungen, die durch Belastung schlechter werden können, muss man also sehr vorsichtig mit der Gabe solcher Medikamente sein. Auch Weidegang unter Schmerzmitteln sollte kritisch betrachtet werden, da das Pferd eben weder merkt noch anzeigt, wenn es sich überlastet.

Die Medikamente können über das Futter verabreicht oder gespritzt werden. Bei der Verabreichung über das Futter nützen die Medikamente nur dann etwas, wenn sie auch regelmäßig in der notwendigen Menge mitgefressen werden. Sie schmecken aber alle nicht so gut. Es ist also ein bisschen Schummeln erforderlich. Sie können schlecht schmeckende Pulver verstecken mit einer halben Banane, Apfelsaft, Apfeldicksaft, Rübensirup oder Möhrensaft. Die Medikamente können auch mit einer Spritze ins Maul eingegeben werden.

Alle diese Medikamente haben bei längerem Gebrauch oder in hohen Dosierungen auch Nebenwirkungen. Sie können die Magen- und Darmschleimhaut schädigen bis hin zum Auslösen von Koliken. Bei bereits geschädigter Nierenfunktion (alte Pferde) sollte der längerfristige Einsatz auch kritisch gesehen werden. Dazu kommt, dass der Einsatz der Medikamente einen schnelleren Heilungsverlauf vortäuscht, als dieser tatsächlich zu erwarten ist. Die Pferde gehen unter Medikamenteneinsatz bald lahmfrei und werden dann zu früh erneut belastet. Einige dieser Medikamente gelten als Dopingmittel und sollten vollständig verstoffwechselt sein, bevor Sie Ihr Pferd erneut in Prüfungen starten können. Das kann im Einzelfall bis zu vier Wochen ab der letzten Medikamentengabe dauern. Es sollte ja aber ohnehin selbstverständlich sein, dass Pferde, die noch unter der Einwirkung von Medikamenten stehen, nicht gezwungen werden an Prüfungen teilzunehmen.

Verbände

An verschiedenen Stellen der Gliedmaßen können Verbände angelegt werden. Sie können eine reine Stützfunktion haben, eine Schutzfunktion oder zur Behandlung wichtig sein. Verbände können je nach zugrundeliegender Erkrankung trocken, als Salbenverbände oder als feuchte (kalte oder warme) Angussverbände genutzt werden. Je nach Art der zugrundeliegenden Erkrankung werden sie täglich gewechselt oder bleiben bis zu einer Woche liegen. Vom Tierarzt angelegte Gipse können bis zu sechs Wochen liegen bleiben.

Wichtig ist, dass Verbände weder scheuern noch drücken dürfen. Rutschen sollen sie auch nicht, weil sie danach nämlich scheuern oder drücken. Je nach Ort, an dem der Verband angelegt werden soll, gibt es bestimmte Wickeltechniken und Polstermöglichkeiten. Lassen Sie sich das einmal zeigen und üben Sie es am gesunden Pferd. Es ist nicht so einfach, wie es aussieht, und klappt ungeübt am verletzten oder kranken Pferd niemals. Dann stehen Sie nämlich unter Druck, weil es funktionieren muss, und unter Stress, weil ja Ihr Pferd krank ist, und das Pferd hält darüber hinaus nicht still, weil es ja selbst auch Stress und Schmerz empfindet.

Einreibungen und Pasten

Es gibt einige Einreibungen (zum Beispiel Heparingel, Kühlgel) und Pasten (Heilerde, Tonerde), die ohne Verband aufgetragen werden können und sollen. Diese Medikamente haben den Vorteil, dass sie nicht scheuern oder drücken können. Bei Pferden, die während der Behandlung auch bewegt werden, kann so eine Behandlung einfacher sein als das Anlegen eines Verbandes. Die auf dem Markt befindlichen Medikamente haben verschiedene kühlende und heilungsfördernde Zusätze. Achten Sie darauf, ob das Medikament auch auf offene Wunden aufgetragen werden darf, und vermeiden Sie das unbedingt, wenn nicht. Sie machen sonst alles nur schlimmer. Achten Sie, wenn Sie an Wettkämpfen teilnehmen, auch auf enthaltene dopingrelevante Substanzen. Einige Gele enthalten Substanzen, die noch nach zehn Tagen im Blut nachweisbar sind.

Futterzusätze

Der Markt ist unüberschaubar geworden. Heute kann man Pferde für oder gegen alles irgendetwas zufüttern. Bei Gelenkschäden können einige Futterzusätze sehr sinnvoll sein. Die wirksamen Produkte sind aber leider teuer. Lassen Sie sich von Ihrem Tierarzt beraten. Kaufen Sie nur Produkte, die einen definierten Wirkstoffgehalt haben und als Arzneimittel zugelassen sind. Die Wahrscheinlichkeit, dass sie wirklich etwas bewirken, ist einfach größer. Sollten Sie nicht reich genug sein, so einen guten Zusatz ganzjährig zufüttern zu können, so geben Sie den Zusatz in der Heilungsphase, während besonderer Beanspruchung und als Kur in der stoffwechselaktiven Jahreszeit im Frühjahr und im Herbst für jeweils vier Wochen.

Füttern Sie den Futterzusatz nicht im Mash, auch wenn er dann gut gefressen wird. Der Futterzusatz wird sonst vom Körper nicht gut aufgenommen und dafür ist das Geld dann wirklich zu schade.

Kortison

Kortison und verwandte Medikamente sind wichtige Errungenschaften der Medizin. Sie sind aufgrund ihrer Nebenwirkungen sehr ins Gerede gekommen. Kortison ist eigentlich ein körpereigenes Gewebshormon, die synthetischen Nachbauten nutzen also natürliche Wege, um ihre Wirkung zu entfalten. Da Kortikoide (so heißen alle dem natürlichen Kortison ähnlichen Medikamente) hoch potente Arzneimittel sind, haben sie natürlich Nebenwirkungen. Der Einsatz von Kortikoiden soll immer sehr gut überlegt geschehen, aber bitte niemals kategorisch abgelehnt werden. Leichfertiger Umgang mit Medikamenten ist ja ohnehin falsch.

Als Injektionen in Gelenke sind früher auch Kortikoide genutzt worden. Das wird heute, nachdem man weiß, welche Schäden dadurch entstehen können, nur noch im begründeten Einzelfall gemacht.

Gelenkinjektionen

Früher ist es sehr üblich gewesen, in Gelenke etwas hineinzuspritzen. In der Menschenmedizin ist man damit heute sehr vorsichtig. Bedenken Sie immer, ob eine Injektion wirklich erforderlich ist. Manchmal ist sie das, zum Beispiel bei diagnostischen Injektionen oder nach Gelenkoperationen. Jede Gelenkinjektion verändert den Säure-Base-Haushalt im Gelenk. Dazu kommt eine unvermeidbare Verletzung der Gelenkkapsel. Hier entsteht nur eine sehr kleine Narbe, die so nichts ausmacht, aber bei regelmäßiger Wiederholung derartiger Injektionen die Gelenkkapsel doch beeinträchtigt. Auf den Gelenkflächen liegt Knorpel. Vor der genialen Konstruktion dieses Knorpels sollten wir große Ehrfurcht haben. Verletzungen des Knorpels sind immer schlecht und führen zu Folgeschäden. Wenn Sie sich die Anatomie ins Gedächtnis rufen, sehen Sie, wie wenig Platz ist in so einem Gelenk und wie leicht es auch bei guter Injektionstechnik passieren kann, dass Verletzungen (klitzekleine natürlich) entstehen.

Sollte eine Gelenkinjektion unumgänglich sein, so ist es wichtig, dass Ihr Pferd ganz still hält. Um das sicherzustellen, kann die Anwendung von Zwangsmaßnahmen oder die leichte Sedierung notwendig werden. Diese Maßnahmen dienen dem Schutz Ihres Pferdes.

Seit einigen Jahren gibt es ein Produkt auf dem Markt (Hyonate), das die Injektion von Gelenkschmiereersatz in Gelenke ersetzen kann. Es wird systemisch (über die Vene) verabreicht und regt das Gelenk sozusagen im Vorbeischwimmen an, selbst bessere Gelenkschmiere zu produzieren. Die Wirksamkeit ist in Studien bewiesen worden. Oft kann durch Einsatz dieses Produktes die direkte Gelenkinjektion umgangen werden und so ein ähnlich guter Effekt ohne das Risiko der Gelenkinjektion erreicht werden.

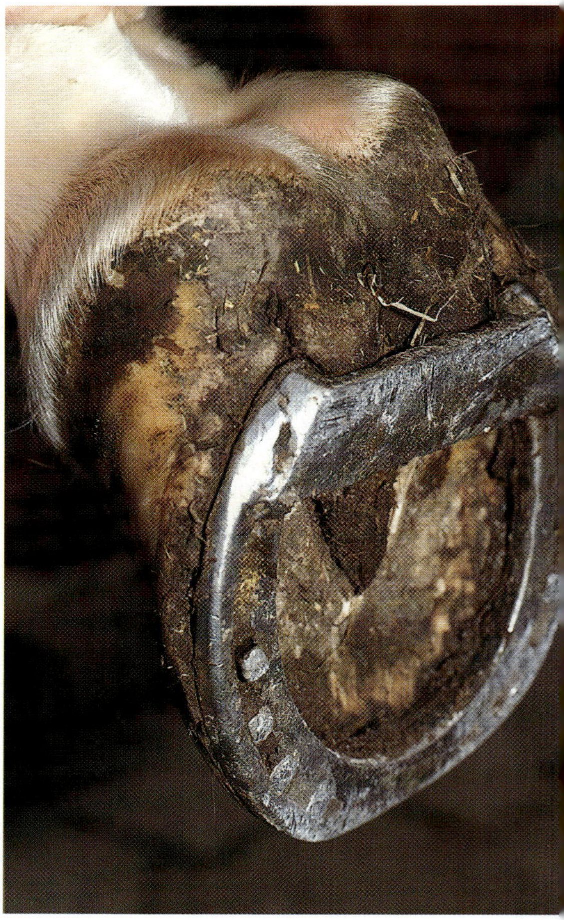

Durch den aufgeschweißten Steg gibt dieses Eisen dem Beugebereich Unterstützung. Es sollte keine Kanten haben, nicht zu schwer sein und nicht zu weit hinten genagelt werden. Foto: Dr. Ende

Orthopädische Beschläge

Sehr viele Lahmheiten haben ihre Ursache in den unteren Abschnitten des Pferdebeines. Hier kann nahezu immer durch eine Stellungskorrektur oder einen orthopädischen Beschlag die Voraussetzung für eine Heilung verbessert werden. Suchen Sie sich also einen guten Schmied und bitten Sie ihn mit dem Tierarzt zusammenzuarbeiten. Viele Schmiede sind durchaus in der Lage auch medizinische Fachgespräche zu führen und Röntgenbilder zu lesen. Unterschätzen Sie ihren Schmied nicht. Schaffen Sie ihm gute Arbeitsbedingungen und alle notwendigen Informationen. Bevormunden Sie ihn nicht, oft sind seine Vorstellungen von dem, was machbar ist und auf Ihrem Pferd auch hält, realistischer als das theoretisch Erdachte.

Es gibt verschiedene Möglichkeiten, durch die Zubereitung des Hufs die gesamte Gangmechanik zu verän-

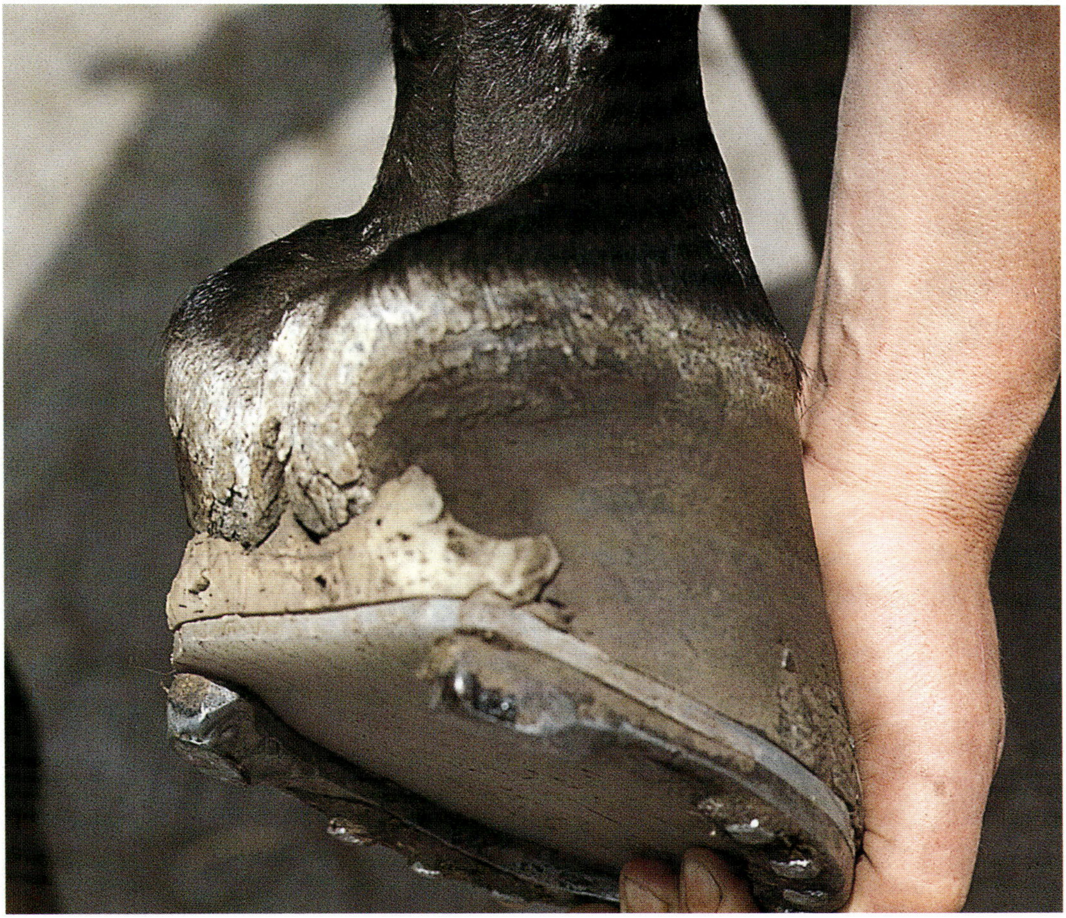

So ein orthopädischer Beschlag zieht durch die Sohle und das Polster die ganze Sohle zum Tragen heran. So kann Druck verteilt werden und es wird eine verbesserte Stoßbrechung erreicht. Ihr geschulter Blick fällt natürlich auch auf die Narbe. Foto: Dr. Ende

dern. Es kann sinnvoll sein, eine deutliche Zehenrichtung zu schaffen oder durch Erhöhung der Trachten oder Anbringen geschlossener Eisen den hinteren Bereich zu entlasten. Zur Schonung der Sohle oder um eine bessere Stoßbrechung zu erreichen, können Polster oder Platten angebracht werden.

In einigen Fällen ist auch ein Kunststoffbeschlag oder ein Hufschuh sinnvoll einsetzbar. Horndefekte können zum Teil durch Kunsthorn geschlossen werden. Alle Maßnahmen müssen immer an Ihr Pferd, seine Haltungbedingungen, die derzeitige Störung und die Nutzung angepasst werden. Am besten kommen Sie zum Beschlagstermin und lassen sich erklären, was Ihr Schmied macht und warum. Sollte Ihr Pferd sich – nur weil Sie da sind – nicht so gut benehmen, so kommen Sie besser erst nach dem Beschlagstermin.

Nervenschnitt

Bei einigen unheilbaren und schmerzhaften Prozessen am Pferdebein kann zum Nervenschnitt geraten werden. Dabei wird der Nerv, der die Schmerzempfindung nach oben weiter gibt, durchgeschnitten und so die Leitung gekappt. Der Eingriff wird an den gleichen Stellen vorgenommen, an denen auch die Leitungsanästhesien durchgeführt werden. Ein Stück des Nervs wird entfernt, damit die Enden nicht gleich wieder zusammenwachsen. So genial das ist, es hat einige Nachteile: Es geht ja nicht nur das Schmerzempfinden verloren, sondern auch die anderen Qualitäten des Nervs. Das Pferd spürt nicht mehr, wo es hin tritt und wie der Fuß steht. Die vorhandene Erkrankung, wegen der der Nervenschnitt durchgeführt wurde, ist auch noch da und wird meist schneller schlechter als ohne so einen Nervenschnitt. Am Ende des abgeschnittenen Nervs können schmerzhafte Knötchen entstehen, auf die das Pferd auch lahm gehen kann. Dazu gibt es auch beim Pferd so etwas wie Phantomschmerz. Nach etwa zwei Jahren kann der Körper es durch Heilungsprozesse des Nervengewebes schaffen, erneut Schmerzen spüren und weiterleiten zu können.

Oft ist die Entscheidung für einen Nervenschnitt sehr egoistisch. Sie wird nicht für das Pferd getroffen, sondern weil der Mensch sich noch nicht trennen kann.

Wenn für einen Nervenschnitt entschieden wird, so muss die Grunderkrankung weiterhin behandelt und im Auge behalten werden. Bei zugrundeliegenden Hufrollenveränderungen heißt das, weiterhin für Futterzusätze und Spezialbeschläge zu sorgen und etwa alle sechs Monate Röntgenkontrollen durchführen zu lassen. Auch wenn die Pferde nur noch auf der Weide laufen, müssen ihre Füße jeden Tag kontrolliert werden (sie merken auch eingetretene Steine nicht mehr selbst).

Pferde, die durch einen Nervenschnitt nicht mehr lahm sind, haben in sportlichen Wettkämpfen nichts zu suchen. Auch dann nicht, wenn die Narben so klein sind, dass man sie kaum sieht und das Pferd schließlich immer gerne gesprungen ist.

Sympathektomie

Dieses komplizierte Wort beschreibt eine Operation, bei der durch Entfernung von Teilen des vegetativen Nervensystems an den Arterien des Fußes die Durchblutung in der betreffenden Zehe verbessert wird. Bei Erkrankungen, die Folge schlechter Durchblutung sind oder die aufgrund schlechter Durchblutung fortschreiten, ist das sinnvoll (zum Beispiel bei Hufrollen- und Gleichbeinerkrankungen).

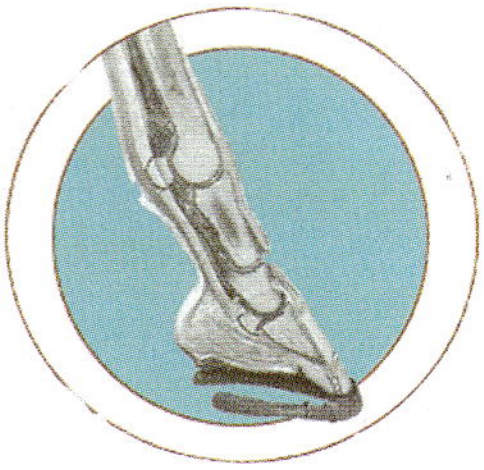

Alternative Verfahren neben der Schulmedizin

Bei den Lahmheiten ist es wie bei allen Krankheitszuständen von Mensch und Tier so, dass durch verschiedene Verfahren behandelt werden kann.

Das Gebiet, auf dem ich zu Hause bin, ist natürlich die Schulmedizin und so liest es sich ja auch. Ich möchte Ihnen dennoch einige Alternativen kurz vorstellen, weil es manchmal zum Wohl Ihres Pferdes durchaus anzuraten ist, einen anderen Weg zu wählen. Häufig können auch verschiedene Methoden sehr gut kombiniert werden. Wichtig ist nicht das dahinterstehende Dogma, die Weltanschauung oder der Glaube. Wichtig ist, was im Einzelfall Ihrem Pferd am besten hilft.

Auch alle alternativen Heilverfahren müssen gelernt, erfahren und geübt sein. Begeben Sie sich mit Ihrem Pferd vertrauensvoll nur in die Hände von Menschen, die Ihr Vertrauen verdient haben. Behalten Sie Ihren Verstand und lassen Sie sich nicht blenden. Ich muss das hier hinschreiben, weil sehr sehr viele Gurus und Scharlatane unterwegs sind, die irgendetwas machen, um Ihr Geld zu bekommen, und denen das Wohl Ihres Pferdes dabei echt egal ist. Dazu kommen noch einmal so viele schlecht ausgebildete selbst ernannte Heiler, denen das Wohl Ihres Pferdes am Herzen liegt, die aber nicht über das notwendige Fachwissen verfügen. Viele der alternativen Verfahren werden auch von Tierärzten angewandt. Die Fortbildungen sind dann vorgeschrieben und nur bei ausreichendem Fachwissen wird die Zusatzbezeichnung verliehen. Tierärzte mit entsprechender Zusatzbezeichnung müssen in dem betreffenden Gebiet gut ausgebildet sein. Hier haben Sie die Garantie, dass Sie einen Fachmann an Ihrem Pferd haben. Nicht alle alternativen Gebiete benötigen die vollständige schulmedizinische Grundausbildung, es gibt durchaus auch gute Heiler, die keine Tierärzte sind. Es ist nur für Sie schwieriger, hier die gut ausgebildeten Menschen herauszufinden.

Jeder Behandlung muss eine Diagnosefindung vorausgehen und das geht nur durch Untersuchung Ihres Pferdes. Verfahren durch Ferndiagnosen oder ausgependelte Haarproben helfen in aller Regel nicht.

Nur Mut, es gibt sie, die gut ausgebildeten, verantwortungsbewussten Heiler anderer Sparten, denen das Wohl Ihres Pferdes mehr am Herzen liegt als Ihr Geld.

Homöopathie

Seit langer Zeit (mehr als zweihundert Jahre) wird nach dem Gleichheitsprinzip von Samuel Hahnemann behandelt. Zu jeder Störung gibt es ein individuell passendes Medikament. Die Medikamente kommen in hohen Potenzen daher und sind oft so sehr verdünnt, dass es gar nicht vorstellbar ist, wie da noch irgendwas wirkt. Tut es aber. Die Schwierigkeit ist, das passende Medikament in der passenden Potenz zu finden. Lassen Sie sich von einem homöopathisch versierten Tierarzt (es gibt eine anerkannte Zusatzbezeichnung, die Garant für gute Ausbildung ist) oder einem guten Heilpraktiker beraten.

Homöopathische Komplexmittel wie Traumeel sind Versuche, allgemeingültige Medikamente zu schaffen. Hier werden verschiedene Homöopathika kombiniert, so dass für jeden etwas dabei ist. Die Gabe von Traumeel kann bei Lahmheitsproblemem immer etwas nützen und ist mit allen anderen Verfahren kombinierbar. Nur richtige Homöopathie ist es eben nicht.

Akupunktur

Die Akupunktur ist ein Teil der traditionellen chinesischen Medizin. Das Verfahren ist uralt und findet in anderen Kulturen seit mehr als dreitausend Jahren Anwendung. Die Akupressur, eine Stimulation der Punkte durch Druck, ist sogar noch einmal zweitausend Jahre älter. Sie findet in der Human- und der Veterinärmedizin seit einigen Jahren wieder vermehrt Beachtung. Akupunktur kann mit Nadeln oder Laser durchgeführt werden. Dahinter steht die Idee, dass jeder Organismus, wenn er im Gleichgewicht steht und die Energie auf den dafür vorgesehenen Bahnen, den Meridianen, ungehindert fließen kann, in der Lage ist sich selbst zu heilen. Die Stimulation einzelner Akupunkturpunkte auf diesen Meridianen bringt gestörten Energiefluss wieder in Gange. Bei nahezu allen Lahmheitsproblemen kann die Akupunktur allein oder im Zusammenwirken mit anderen Verfahren eingesetzt werden. Akupunkturbehandlung soll möglichst zeitig begonnen werden. Oft wird Akupunktur erst aus Verzweiflung eingesetzt, wenn anderes nicht mehr geht. Das ist falsch. Wie alle Therapieansätze bewirkt auch die Akupunktur umso schneller Heilung, je eher mit ihr begonnen wird. Akupunkturbehandlungen kosten Zeit und sind relativ teuer. Erfolg ist oft schon nach der ersten Behandlung zu sehen und normalerweise kommt Ihr Pferd mit etwa drei Behandlungen aus.

Naturheilkunde

Viele Dinge sind auf dem Markt, die Sie angeblich völlig ungefährlich selbst einsetzen können. Sie sind ja natürlich. Das ist so nicht richtig. Alles, was wirkt, hat auch Nebenwirkungen. Alle Verfahren, die erhebliche Verbesserungen bewirken können, können falsch angewandt auch schaden. Probieren Sie also nicht alleine herum. Gucken Sie auch nicht ab. Was für das Pferd in der Nachbarbox gut ist, kann für Ihr Pferd gerade ganz falsch sein. Lassen Sie sich von naturheilkundlich arbeitenden Tierärzten oder Heilpraktikern beraten. Eine Menge Gutes für Ihr Pferd kann zum Beispiel durch Beigabe von Pflanzen oder Pflanzenextrakten bewirkt werden. So können Weidenrindenextrakte Schmerzen nehmen, oder Brennnessel oder Gingko die Durchblutung verbessern. Aber auch hier braucht man jemanden, der sich in den Verfahren auskennt.

Physiotherapie

Unter Physiotherapie finden sich alle Therapieverfahren, die mit Wasser, Wärme, Kälte, Strom und Bestrahlungen arbeiten. Streng genommen gehören auch Massagen und Gymnastik dazu. In aller Regel heilt Physiotherapie nicht, solange die Selbstheilungskräfte des Organismus nicht funktionieren. Sie wird als einzelnes Verfahren nur eingesetzt bei primären Verspannungen oder Durchblutungsstörungen. Physiotherapeutische Verfahren können aber bei allen Lahmheiten mit den anderen (auch den schulmedizinischen) Verfahren sehr sinnvoll kombiniert werden. Die Heilung kann erheblich beschleunigt und das Heilungergebnis verbessert werden. Als Berater benötigen Sie wieder mal jemanden, der weiß, was er tut. Tierärzte können eine Zusatzbezeichnung erwerben, Heilpraktiker können so eine Ausbildung haben und Menschenphysiotherapeuten können Zusatzausbildungen für die Behandlung von Tieren machen.

Wenn Sie sich entscheiden Ihr Pferd mit gezielter Physiotherapie zu unterstützen, rechnen Sie damit, dass eigener Einsatz von Ihnen verlangt wird. Zum Beispiel bekommen Sie zwischen den Behandlungen Hausaufgaben in Form von Massagen, Dehnübungen, Wassergüssen oder Bestrahlungen, die Sie selbst mit Ihrem Pferd durchführen müssen.

Manuelle Therapieverfahren

Osteopathie und Chiropraktik werden auch gerade wieder sehr modern. Beide Verfahren haben den gleichen Ursprung und haben sich mit den vergangenen hundert Jahren ein bisschen auseinanderentwickelt.

Osteopathie

Die Osteopathie beschäftigt sich mit allen Geweben und anatomischen Strukturen. Sie versucht segmentale Blockaden zu finden und durch verschiedene Techniken zu lösen. Osteopathie hat bisher beim Pferd keine Anerkennung, das bedeutet, dass es sehr schwer ist, tatsächlich gut ausgebildetet Leute zu finden. In Deutschland gibt es Schulen für osteopatisch tätige Menschenkrankengymnasten, die hier die Behandlung der Pferde dazulernen, und für Pferdetierärzte, die hier Osteopathie lernen. Hinweise auf erfolgreiche Absolventen dieser Schulen finden Sie im Internet oder bei den Schulen direkt. Eine osteopathische Behandlung dauert mindestens eineinhalb Stunden und kostet entsprechend Geld. Es ist sehr eindrucksvoll zu sehen, was für ein Unterschied besteht in der Beweglichkeit der Pferde vor und nach der Behandlung. Eindrucksvoll ist auch zu sehen, wie das Pferd auf den Behandler reagiert. Anfängliches Misstrauen löst sich auf in Erstaunen (was du da machst ...) und Entspannung (Gähnen, Kauen, Kopfschütteln). Vor allem bei Lahmheiten, die keine starken zugrundeliegenden Röntgenveränderungen haben, ist die Osteopathie gut einsetzbar. Liegen bereits Veränderungen vor (zum Beispiel beim Spat), kann durch Manipulation dieser Gelenke keine Verbesserung erreicht werden. Das weiß der Osteopath aber auch. Dennoch ist es möglich, Blockaden, die zu einer weiteren Fehlbelastung der erkrankten Struktur führen, zu lösen und so dem Fortschreiten der Erkrankung entgegen zu wirken.

Chiropraktik

Die Chiropraktik beschäftigt sich vor allem mit Blockaden in der Wirbelsäule. Chiropraktikerschulen gibt es in den USA. Beim Menschen ist die Ausübung der Chiropraktik alleine Ärzten erlaubt. Das ist auch sinnvoll, da durch falsche Chiropraktik auch alles viel schlimmer werden kann. Suchen Sie sich also einen gut ausgebildeten (Tier-) Arzt. Häufig können Blockaden in der Halswirbelsäule zu Bewegungseinschränkungen oder Lahmheiten der Vorderbeine führen. Auch Blockaden im Kreuzdarmbeingelenk haben erhebliche Auswirkungen auf die Bewegungen des ganzen Pferdes. Der Chiropraktiker löst Blockaden oft durch das Setzen eines Thrusts. Das ist eine kleine, schnelle Bewegung, die das Pferd meist eher überrascht, als dass sie schmerzt. Bestehen bereits knöcherne Veränderungen, so kann nicht mehr an diesen Stellen manipuliert werden.

Beiden manuellen Verfahren gemeinsam ist, dass sie Blockaden lösen. Blockaden sind nicht immer da, wo der Sitz der Lahmheit ist. Blockaden in der Halswirbelsäule können zu Stützbeinlahmheiten im Bein führen. Es werden fast immer mehrere Blockaden gefunden, die sich auch gegenseitig beeinflussen können. Alle gefundenen Bewegungseinschränkungen werden behandelt. Sie geben dem Pferd so die Möglichkeit aus falschen und krank machenden Bewegungsmuster zurück zu gesunder Beweglichkeit zu kommen.

Oft bestehen zum Zeitpunkt der Lösung die Blockaden allerdings schon länger. Das Pferd hat sich im Bewegungsablauf Schonhaltungen angewöhnt, um mit diesen Blockaden leben zu können. Lassen Sie die Blockade lösen und ihr Pferd bewegt sich in der gleichen falschen Schonhaltung weiter, so kommt auch die Blockade wieder. Besteht das Problem länger, so ist die Muskulatur Ihres Pferdes für die Schonhaltung passend ausgebildet. Wenn ein manuelles Verfahren nützen soll, muss ihr Pferd anschließend aktiv lernen, mit der neuen, besseren Beweglichkeit umzugehen. Sie helfen ihm dabei durch Freilaufen, Longenarbeit und gezielte Dehn- oder Gymnastikübungen, die der Therapeut Ihnen zeigen sollte.

Manche Blockaden haben Ursachen, die außerhalb des Einsatzbereiches dieses Therapeuten liegen. Blockaden können entstehen, wenn Pferde immer falsch kauen, schlecht auffußen oder mit unpassendem Sattelzeug arbeiten. Wundern Sie sich also nicht, wenn der Manualtherapeut Ihres Pferdes Ihnen rät, die Zähne kontrollieren zu lassen, oder Schmied oder Sattler zu bestellen. Befolgen Sie diesen Rat unbedingt.

Nachwort

Ich freue mich, dass Sie mir bis hierher gefolgt sind. Natürlich erheben die dargestellten Dinge keinen Anspruch auf Vollständigkeit. Anmerkungen, Ergänzungen und Kritik nehme ich gerne entgegen. Ich wünsche mir, dass es möglich war, Ihnen unterhaltsam ein bisschen Wissen zu vermitteln, und dass Ihnen auch im konkreten Problem geholfen werden konnte. Hoffentlich hatten Sie beim Lesen so viel Freude wie ich beim Schreiben – obgleich das Thema ja durchaus nicht erfreulich ist.
Gute Gesundheit für Ihr Pferd.

Anke Rüsbüldt

Literatur

Stashak: *Adams Lahmheiten des Pferdes,*
4. Auflage, Schaper

Budras und Röck: *Anatomie des Pferdes,*
2. Auflage, Schlütersche Verlagsanstalt

Dietz und Huskamp: *Handbuch Pferdepraxis,*
2. Auflage, Enke

Wintzer: *Krankheiten des Pferdes,*
Parey

Ettl: *Sporttherapie für Pferde,*
Cadmos

Olson: *Muskelverspannungen bei Pferden lösen,*
Cadmos

Denoix: *Physiotherapie und Massage bei Pferden,*
Ulmer

Kleven: *Physiotherapie für Pferde,*
FN Verlag

Register